上海大学出版社

2005年上海大学博士学位论文 31

U0358912

智能化概念设计的可拓方法研究

- 作 者：赵 燕 伟
- 专 业：机械电子工程
- 导 师：张 国 贤

Dissertation Submitted to Shanghai University
in Fulfillment of the Requirements
for the Degree of Doctor of Philosophy

Research in the Method of Intelligent Conceptual Design Based on the Extension Theory

Ph. D. Candidate: Zhao Yanwei
Supervisor: Zhang Guoxian
Major: Mechanical and Electronic Engineering

**School of Electromechanical Engineering and
Automation Shanghai University**
Feb. 2005

摘　要

本文在国家自然科学基金项目(编号：50175103)和国家863高技术研究发展计划(编号：2002AA411110)的直接资助下,从理论到应用对复杂产品可拓概念设计的关键技术进行了深入研究。在全面综述国内外现有概念设计研究方法的基础上,综合运用可拓学理论、模糊理论和优化技术,揭示概念设计上游设计阶段的创造性活动规律,探索一种创新与辩证思维形式化、模型化方法,即概念设计的可拓方法。文中针对概念设计方案表达、分解与综合、优化与求解、推理与评价等方面提出了若干新思想、新原理与新方法,对于解决目前智能设计理论研究与工程实现中的瓶颈问题,具有重要的理论意义和学术价值。

运用可拓学理论对概念设计功能、原理、布局、形状、结构等上游设计知识进行形式化描述,建立定性(基元可拓性等)与定量(关联函数等)相结合的可拓知识表达模型;利用发散树、分合链、相关网、共轭对、蕴含系等可拓方法,表达设计过程中的深层次知识;形成智能化概念设计可拓知识表达方法,为概念设计的辩证思维形式化、模型化和智能化提供了一条有效途径。

论文率先提出一种基于多级菱形思维模型的复杂产品定性定量相结合的概念设计方法。根据发散—收敛—再发散—再收敛这一菱形思维特点,建立了产品设计多级菱形思维模型,根据物元的可拓性进行发散性思维形成多种设计方案,利用真伪信息判别法、模糊意见集中法、可拓关联函数定量计算法对发散后得到的设计方案进行收敛以获取最佳设计方案。通过所开发的加工中心刀库概念设计系统,验证了该方法的可行性。

针对实例推理方法难以描述定量定性相结合设计知识的不足,本文通过对设计信息物元及物元关系的处理,提出一种可拓激励推理算法,从理论上证明了该算法的有效性,给出了可拓设计物元相关性、相似性度量及创建实例库等关键策略,使未知问题转换为已知问题,利用物元的可拓特性,有效地拓展或收敛解空间。根据该方法,建立了机械减速器产品设计规则、约束关系和可拓实例库,实现了可拓实例推理的全过程,验证了可拓实例推理方法的可行性。

针对现有方案优化难以求解上位设计优化问题,本文提出一种复杂机械产品方案设计的模糊物元建模、分析与多目标优化方法,将关联函数规范化并建立与模糊隶属度函数之间的定量关系,用此方法与常规的线性加权法、理想点法、模糊优化法进行比较,通过理论分析和设计实例验证了其可行性和先进性。论文改进了遗传算法操作算子,给出模糊物元多目标优化设计问题的改进自适应宏遗传算法(MAMGA)求解过程,并分别与简单遗传算法(SGA)、自适应宏遗传算法(AMGA)加以比较,证明该算法具有较高的执行效率。将该方法进一步应用于机械传动方案优化设计,详细讨论了传动方案的染色体编码、适应值计算和遗传操作算子等问题,实现了复杂产品方案设计的多目标模糊物元优化;同时,利用该设计方法,在 ANSYS 平台上对柔性放大机构进行了拓扑优化,从而实现了直线运动放大机构的创新设计。

　　本文提出一种面向可拓知识集成的概念设计原型系统结构,详细分析并设计了可拓实例推理、模糊物元优化、设计布局知识熔接、可拓综合评价与决策等子系统,研究并比较了多目标权重的动态分配法、层次分析法、可拓优度评价和评分法,分析了可拓概念设计系统的集成及其相关技术。利用 Visual C＋＋6.0 和 UGNX1.0 软件平台,实现了定性与定量相结合的加工中心机床刀库、机械齿轮减速器、手机等产品的可拓智能设计,最后通过参数化图形库实现总体尺寸联系图的自动生成,在 UGNX 开发平台上,初步实现了概念设计与详细设计的系统集成。

　　关键词: 概念设计,方案设计,智能设计,优化设计,可拓学,实例推理,遗传算法,模糊,CAD

Abstract

With the sponsor of National Natural Science Foundation (No: 50175103) and National 863 project (No: 2002AA411110), this paper studies the key-skill of extension intelligent design of mechanical product theoretically and practically. Based on overview of the current research in conceptual design, it applies extenics, fuzziness theory and optimization technology, and reveals the creative rule in earlier state of conceptual design, and explores a creative and dialectical formal, modeling method, namely extension method of conceptual design. In conceptual design, to the scheme expression, decompounded and integration, optimization and solution, reason and evaluation of, it raises several new theories and methods. All of these have significant theoretical and engineering value to solving the bottleneck of intelligent conceptual design. The primary results of this paper are as follows:

In the paper, it describes the earlier knowledge state of conceptual design with extenics, such as function, principle, layout, figure, structure and so on, and then sets up qualitative (basic element extension nature, etc.) and quantitative (correlation function, etc.) extension knowledge expression model. It applies extension methods to express the further knowledge of design. It forms extension expression of intelligent conceptual design, and brings out an effective way to modeling and intelligentzing conceptual design dialectical thought.

The paper raises a qualitative and quantitative combined conceptual design method, which is based on multi-stage rhombus thought model. According to its divergent-concentrate-redivigent-reconcentrate nature, it sets up a product design method of multi-stage rhombus thought model. According to matter-element extension nature, it carries on multiplicate design with divergent thought, and works out the optimization design with the all method, such as the true and false information, the concentrating fuzzy mind, and the extension correlation function with quantitative method, etc. The feasibility has been proved with the conceptual design in tools storage of machining center.

It is hard to describe the shortage of design knowledge in the combination of qualitative and quantitative with the case based reasoning method. The paper raises the extension case based reasoning method through disposing the design information matter-element and matter-element relationship, and changes unknown problem into known one. The application of the extension matter-element character has extended or constringed solution space effectively. With the method of extension innovation reasoning, it analyses the design rules and constrains relationship of a reducer, create an extension base base, realizes all the process of extension case reasoning and proves the feasibility of extension cased reasoning effectively.

It is hard to solve the problem of earlier state design optimization. The paper sets up the multi-objective fuzzy matter-element optimization model, changes the regularized correlation function into fuzzy membership function. Setting up the fuzzy matter-element divergence tree model, it proves the feasibility of fuzzy matter-element method in scheme optimization of mechanical products with correlative analysis. In the paper, it compares the method with normal linear weight and fuzzy optimization methods, and proves its feasibility and advance in theory and practice.

The paper improves the operators of genetic algorithm, delivers the solving process of MAMGA of multi-object fuzzy matter-element. Comparing it with SGA and AMGA, the high efficiency can be showed. And the method is applied into the mechanical driver optimization design. It also discusses the chromosome coding, calculation of adaptive value and genetic operator, etc. With the multi-objective matter-element optimization, it better solves optimal topology design problem of flexible structure with ANSYS environment, and achieves the creative design of linear-movement amplifier.

It raises a prototype system of intelligent conceptual design oriented extension knowledge integration, and detailed analyzes the subsystems such as extension cased reasoning, fuzzy matter-element optimization, knowledge fusion of design layout, extension synthesis evaluation and decision. It studies the multi-objective fuzzy matter-element optimization, AHP and extension excellent degree evaluation, analyzes the integration and other correlative technologies of extension conceptual design. With development software Visual C + + and UGNX1. 0 platform, it performs and verifies extension intelligent design combined qualitative and quantitative, such as the tools storage of machining center, reducer, mobile phone, etc. Lastly, using parameterized graphic storage, it realizes the graphic generation of general related dimensions, and elementary achieves system integration with conceptual design and detailed design.

Key words: conceptual design, scheme design, intelligent design, optimization design, extenics, cased based reasoning, genetic algorithm, fuzzy, CAD

目　　录

第1章 绪　　论

1.1　课题来源与研究目标

本课题受到国家自然科学基金项目(批准号：50175103)"基于可拓学理论的智能化概念设计方法研究"和国家 863 计划/先进制造与自动化技术领域/现代集成制造系统技术主题/数字化设计与制造专题项目(批准号：2002AA411110)"面向产品创新的计算机辅助概念设计技术的研究"的资助。

本文研究的目的在于运用可拓学理论,研究概念设计知识的定性定量形式化表达方法、建立概念设计的菱形思维模型,给出设计方案生成的模糊物元分析与优化方法、可拓实例推理与进化方法、可拓优度评价方法,为智能化概念设计探索一种创新与辩证思维形式化、模型化方法,从而形成基于可拓学理论的智能化概念设计创新体系。

1.2　课题研究背景

工程设计从作为一门科学,一种以知识为依托、以科学方法为手段的工程创新活动以来,已有 30 多年历史。随着现代科技特别是计算机技术为代表的信息技术的迅猛发展,产品的社会需求、功能结构、材料工艺、设计开发过程、制造模式等都发生了深刻的变化[1]。以需求为动力、以知识为基础的产品创新竞争是 21 世纪全球制造业竞争的核心。产品设计是一种创造性活动,其本质是适应需求的创造和革新[2]。

不同时期对产品设计过程具有不同的划分。60--70 年代,产品设计过程分为功能、原理、技术设计阶段[3]；80—90 年代，分为概念、方案设计、详细设计阶段，其中，概念设计是创造性思维阶段，方案设计是概念设计与详细设计的过渡阶段；90 年代后期，随着真实感显示、多媒体、虚拟现实以及 CAD 技术日趋完善，设计过程更加紧凑与简洁，概念设计的内涵和范围逐步扩大，一般分为概念设计、详细设计阶段；在 21 世纪，产品的制造模式将发生根本性变化，设计过程将高度密集化，概念设计和详细设计几乎并行进行，先进的设计系统将提供一个数字化、集成化、协同化、智能化、网络化的设计开发环境。

概念设计是一个求解实现功能、满足各种技术和经济指标、可能存在的各种方案，并最终确定综合最优方案的过程，是一个发散思维和创新设计的过程。概念设计阶段具有明显的创造性、多解性、层次性、近似性、经验性和综合性特点，是一个复杂的决策过程。而且，概念设计阶段造成的缺陷几乎无法纠正[3]，它严重影响了产品设计与开发。由此看出，产品设计自始至终以概念设计为核心，概念设计是产品设计过程中最重要、最复杂、最活跃、最富有创造性的设计阶段[4]。概念设计的最高境界是实现设计过程的智能性，它是概念设计发展的必然趋势。智能化概念设计的目的是利用计算机全部或部分地替代设计人员从事设计的分析和综合过程，在计算机上再现设计者的创造性设计过程。随着设计方法学、计算机技术和人工智能技术的深入发展，智能化概念设计的新内涵集中表现为在以产品创新为目的、以智能化方法为核心的计算智能化概念设计。

1.3 概念设计及其特征

1.3.1 概念设计的内涵

Pahl 和 Beitz 在其《Engineering Design》一书中首次给出概念设计定义："在确定任务之后，通过抽象化，拟定功能结构，寻求适当的作用原理及其组合等，确定出基本求解途径，得出求解方案，这一部分设计工作叫做概念设计"[4]。French 在其《Conceptual Design for

Engineers》一书中定义概念设计为"概念设计是考虑设计问题的内容，并以方案的形式提出众多的解的设计阶段"[5]。一般认为，概念设计是指以设计要求为输入，以最佳方案为输出的系统所包含的创新性思维工作流程。概念设计包含两个基本过程：分析综合过程与优化评价过程。其中，前者是指由设计要求生成众多方案的过程，后者则指从方案集中选出最佳方案的过程。由此看来，概念设计的内涵是十分广泛和深刻的，要想全面了解概念设计，首先必须了解概念设计的本质特征。

1.3.2　概念设计的特征

概念设计是一个极其复杂的创新思维过程，从概念设计过程来看，它具有如下特性：

1.3.2.1　创新性

概念设计阶段是产品创新最为集中的一个阶段。概念设计中的产品创新归结为功能修改与增加、原理置换、布局、形状以及结构修改与更换等多个方面，其中功能创新是整个设计过程中最初的也是最重要的一步，它需要找出可以实现该产品功能的各种可能方案并进行优选。创新作为概念设计的灵魂，是通过探索和修改概念空间来完成的，其手段既包含逻辑推理，更离不开非逻辑过程。

1.3.2.2　复杂性

概念设计的复杂性主要体现在其设计路径和设计结果的多样化上。不同的功能定义、功能分解和作用原理等会产生完全不同的设计思路和设计方法，从而在功能载体的设计上产生完全不同的解决方案。

1.3.2.3　层次性

概念设计的层次性体现在两方面。设计过程的层次性和设计对象表达的层次性。概念设计过程作用在功能、行为、结构等不同层次上，并且各层自身包含一定的层次关系。

1.3.2.4　残缺性

概念设计的残缺性表现为设计信息的不完整、不全面、不确定和不精确,难以定性定量地统一表达设计知识。

1.3.2.5 递归性

概念设计的递归性表现在不断细化、逐步求精的递归求解过程上。递归性反映了概念设计的迭代性和反复性。

1.3.2.6 智能性

概念设计的最高境界是实现设计过程的智能性,它是概念设计发展的必然趋势。智能概念设计的目的是利用计算机全部或部分地替代设计人员从事设计的分析和综合过程,在计算机上再现设计者的创造性设计过程。

1.3.2.7 人本性

概念设计是人性化的设计,是用户全程参与的概念设计,设计师超越用户导向的产品创新设计。"以人为本,为人所用"的理念是本世纪概念设计创新方法的"人本论"的核心[6]。

1.4 概念设计国内外研究进展

1.4.1 概念设计创新性研究

创新是概念设计的灵魂。从概念产生技术到创造性认知模型,国内外做了大量的研究工作。在常规概念产生的直觉和逻辑两大类方法中,俄罗斯在调查各领域专利、收集发明原理基础上开发了TRIZ[7],然而,TRIZ 理论仅仅解决了如何做的问题,对做什么问题没能给出适合的工具;德国开发了各种机械功能相对应的物理效果和解,对此需要庞大的数据库支撑,靠个人与企业行为难以实现[8];Langley 和 Jones 根据分析推理和定性构思模型,创建了科学认识的计算模型[9],但缺乏完善的空间、形状事件的定性表示,其模型具有一定的二义性;Geneplore 模型认为创造是再生与探测构思过程的产品[9],而该模型缺乏可操作性;Tabel—Bendiab 等人应用实例推理和机器学习的技术学习设计实例并存储起来,避免了知识获取的瓶颈,具有一定自学习的能力,但搜索时间长、对实例空间占用量大;

Adzhiev 等人提出了面向代理的方法,虽有利于并行环境下各设计变量高度一致性,但未解决代理之间的协调冲突等问题。Sturges 通过定义功能之间的关系,使功能图的语义更加完善,但未考虑到功能的适应性。

1.4.2　概念设计建模技术研究

概念设计的模型研究主要围绕设计过程的描述和设计产品的信息表达展开。

1.4.2.1　概念设计过程模型

概念设计过程模型描述了完成概念设计所需的工作步骤,这些工作步骤由一些已知的方法支持。大多数概念设计过程模型都是基于以下两个基本框架扩展而来。

(1) 功能—结构框架认为产品功能与结构具有直接对应关系,因此这类模型的主要思想是直接寻求能够实现对应功能的结构。这类模型通常包含功能分解、功构映射和结构组合三个步骤,并将概念设计描述为功能层和结构层两个设计层次。典型的基于功能—结构框架的概念设计过程模型有 Pahl 和 Beitz 的系统设计模型[3]、Suh 的公理设计模型[10]、韩晓建的分布层次网络模型[11]及黄洪钟的智能优化设计模型[12]等。功能—结构框架模型表明了"结构具有功能",却忽略了"结构如何实现功能",由于人类实际设计中首先考虑的是如何通过具体动作实现功能,因此不利于产品创新。

(2) 功能—行为—结构框架在功能层和结构层之间引入了行为层。行为描述为完成功能所执行的动作,表明"结构如何实现功能"这一关系。这类模型认为功能与结构必须通过行为才能建立联系,将概念设计看作是从功能向行为再向结构映射的过程,更符合人类设计的思维习惯,同时也有利于产品创新。功能—行为—结构框架最先由悉尼大学 Gero 提出[13],Qian 等人通过对功能—行为—结构的表达,由交互方式在领域内产生创新方案,Umeda 等人将设计知识表达为功能—行为—状态的组合关系,以产生新方案[14],Deng 和

Zhang 则通过引入环境知识,提出了功能—环境—行为—结构模型[15,16]。在功能结构映射中加入行为层,符合人类的认知过程。但是该分解模型仅仅考虑局部层次关系,在一定程度上忽视了对模型整体的认识,其行为的分解容易受人类经验及相关知识的限制。在处理物理系统的动态行为方面,一些学者采用基于功率键图的概念设计方法[17],不必具体考虑各功能的实际含义,只需遵循功能元系统的物理规则,有利于创新,但物理原理与功能结构的实现往往有较大差距。这类模型也可以看作是基于功能—行为—结构框架的。

1.4.2.2 产品信息表达建模

概念设计信息表达包括产品功能、行为和结构三个方面,其中功能描述产品所完成的任务,行为描述实现功能所需的原理或执行的动作,结构描述产品组成要素及其相互关系。其表达形式与特点比较如表 1.1 所示。

(1) 概念设计是由功能驱动的[9],输入/输出转换是对功能的一种数学表达形式。第一种输入/输出转换表达是输入/输出流转换,包括能量流、物料流和信号流的转换[4]。第二种输入/输出转换表达是输入/输出状态转换,如曹东兴等将功能表示为包含属性、方向、位置等信息的初始状态和目标状态的转换[18,19]。第三种输入/输出转换表达是输入/输出特征转换。Chakrabarti 表达功能为包括种类、方向、位置、大小特征的输入输出转换[20]。冯培恩也将功能表达为输入输出对象特征的转换[21]。尽管输入/输出转换表达易于实现推理和计算,但有许多功能无法表达,如夹具"夹持工件使其固定"的功能。另外,这种表达形式不太符合设计者习惯。第二种方法语言表达源于价值工程,通常采用动名词组描述,即"做什么"。词组中动词表示操作,名词表示操作的对象,如存贮液体、挤压材料、支持荷载等。为使这种表达能在不同的应用间重用和共享,一些研究正试图开发通用的功能表达词典[17,22]。语言表达符合设计者的习惯,能够有效表达设计意图,缺点是不够精确,一些复合功能无法用标准的动词表达。

(2) 行为表达往往与功能联系在一起,主要有两种方式:基于状态的表达[23,24]和基于动作的表达[25,26]。前者将行为表示为随时间的状态变化,后者则表示为执行的动作。比较而言,基于状态的表达更能反映事物包含的因果关系,因此,适于采用因果推理技术,如定性推理等。

(3)语法能够用来表达产品的功能、行为和结构。Iwasaki 提出了因果功能表达语言(CFRL),基于行为语义表达功能[27]。Sasajima 提出了功能与行为表达语言(FBRL),该语言不局限于具体应用,能够在不同抽象级描述产品[28]。Schmidt 提出了功能语法,为生成和更新设计概念提供形式化语言。尽管语法的简洁性使得理解设计更加容易,然而这种表达难以支持概念设计所需的复杂推理。

(4)几何表达中的特征模型通常用来支持详细设计。为了支持概念设计,研究者将特征概念延展,提出了广义特征模型[29]、原型特征模型[30]、基因特征模型[31]。这些模型中包含了产品功能信息,有利于实现概念设计和后续详细设计的集成。

(5)图常被用来描述产品的概念信息。常用的方法是节点表示对象,连接弧表示对象之间的关系,如 Qian 用无向图表达产品结构,图中节点表示零件,弧表示零件间关系[32];Deng 用图描述产品行为,图中节点表示行为,弧表示行为间因果关系[33]。区别于上述表达,Al-Hakim 用弧表示产品零件,节点描述零件之间的能量流[34]。图表达方法还能支持产品不同属性间的映射。Kusiak 采用树结构表达设计需求和功能,利用关联矩阵实现二者间的映射。图不仅能够表达蕴含的深层知识,而且还具有直观、易于可视化的优点。

(6)对象表达具有抽象性、封装性、多态性和继承性的特点。对象模型不仅能够表达产品零件的结构参数等具体属性,还能描述功能、行为等抽象信息,因此,得到广泛的应用。Gorti 运用面向对象技术表达产品功能、行为、结构信息及设计过程[35]。Zhang 则将对象和规则结合起来,其中对象用来描述产品行为[36]。尽管对象表达具有很多优点,但其一般针对某个具体应用,不同的应用需建立不同的模型。

（7）较其他表达技术而言,知识表达更易于实现推理。知识表达主要包括框架、规则、实例、语义网络等方式。由于概念设计涉及知识的复杂性和多样性,往往结合多种方式集成表达设计知识,如宋玉银混合框架和规则表达设计实例[37]。尽管知识表达已得到广泛应用,一些问题如知识获取、知识管理仍待进一步解决。

表 1.1　产品概念信息表达形式比较表

表达形式		特　　　点	表达对象	研究人员
几何模型	优点:	直观地给出产品形状结构,且易于与后续设计集成;	结构	孙正兴[38]
	缺点:	难以描述复杂的设计知识,对功能原理的表达欠缺		
语言模型	优点:	结构简洁与明确;无二义性,容易计算机实现;	功能、行为、结构	Sasajima[28]
	缺点:	对形状、功能等相互关系把握不好,难以满足复杂推理需求		
图形模型	优点:	表达蕴涵知识,可利用已有成熟的图论算法,实现可视化;	功能、行为、结构、关系	Deng[15], Qian,Al-Hakim[34]
	缺点:	缺乏类和继承		
对象属性	优点:	符合人的思维方式,具有更大柔性,易于实现推理;	功能、行为、结构	Zhang[16], Gorti[35]
	缺点:	不同应用需建立不同模型,因难以表达启发式知识		
知识模型	优点:	易于实现推理;	功能、行为、结构、关系	宋玉银[37]
	缺点:	知识获取困难		

1.4.3　概念设计方案推理研究

方案推理是由设计要求生成方案集的过程,是设计的综合阶段。方案推理是概念设计的关键。概念设计方案推理方法可以分为系统化方法和智能化方法两类。系统化方法侧重于探求概念设计的机理并提供形式化的设计方法,智能化方法则引入智能推理技术求解概念方案集。表1.2给出了对常用推理方法的比较分析。

(1)系统化方法致力于寻找概念设计问题的结构化求解方法,其目标是将基于经验的设计转变为基于科学的设计,核心是结构化地表达设计过程。较早的系统化方法是由 Pahl 和 Beitz 提出的,该方法认为产品功能和结构均具有层次结构,通过产品功能分解能够求得子结构进而组合出方案,图4描述了这一过程。其他致力于此的研究包括公理化设计理论[39]、通用设计理论[40]、TRIZ 理论[41,42]、设计基本理论[33]等。公理化设计理论将设计问题描述为需求域、功能域、物理域和过程域依次映射的概念模型,抽象出独立性公理和信息最小公理两个基本公理指导方案的生成与选择。通用设计理论用数学形式表达设计过程,将思维活动领域内设计表示为知识处理的概念模型。TRIZ 理论则提供实现产品创新开发的各种方法和算法。设计基本理论定义设计在由场、层、域、结点构造的设计空间中,由单元决策组成求解活动的事件流,支持概念设计过程。

(2)目前的智能化方案推理方法主要有数据驱动推理和知识驱动推理两大类型。数据驱动的推理主要依靠描述产品实现,如实例推理和神经网络推理;知识驱动的推理则依靠领域知识实现,如基于规则推理和定性推理等。每一种推理方法都有自己的优缺点。

实例推理(CBR)主要利用过去的设计实例来指导现有设计,其关键步骤包括实例的表达、检索和修改。CBR 尤其适合于设计规则难以总结的复杂产品设计问题。常用的 CBR 实例表达方法有三种:一种是设计产品实例,如 Dongkon Lee 开发的船舶概念设计系统 BASCON-IV[43];第二种是设计过程实例,如 Mostow 的 BOGART[44];第三种是设计模型实例,如 Goel 在 Kritik 中使用的结构—行为—功能模型实例[45]和宋玉银由设计要求和产品特征所建立模型实例[37]。尽管 CBR 方法更符合人类解决问题的一般认知过程,且克服了其他智能系统知识获取的"瓶颈"问题,但 CBR 需大量良好的设计实例才能有效工作,这对大多数设计问题来说是困难的。

神经网络是模拟人脑信息处理的一种推理方式。神经网络具有较强的数值处理能力，能够从具体数据中获取设计的隐含知识并指导设计。神经网络推理具有良好的自学习、自组织和容错能力，擅长于联想设计[46]。Kumara 用神经网络建模人类联想记忆，基于部分或全部功能要求推理生成创新方案[47]。钟佩思结合神经网络和专家系统的优点，提出了混合型专家系统结构，并应用于复杂产品方案设计中[48]。但神经网络推理也有一些缺点，如需大量的训练样本、训练过程强烈依赖于网络结构、训练时间长等。

基于规则推理是应用比较普遍的一种推理方式，它要求将设计领域知识表达为规则形式，用规则来指导设计。许多概念设计知识系统采用了这种推理方式，如 CONDES[49] 和 EFDEX[16]。基于规则推理比较容易实现，但具有知识获取困难的缺点。

区别于实例推理描述具体实例指导设计，类比推理则通过从设计实例中抽象出一般知识指导设计。类比推理可以分为领域内类比和领域间类比。Qian 认为基于结构相似的设计为实例推理设计，而基于功能、行为等深层知识相似的设计才为类比设计[50]。Goel 认为类比设计是指将一种设计情境的抽象知识转换到另一种设计情境的设计[45]。致力于此领域研究的还有蔡逆水[24] 等。类比推理易于产生创新方案，其难点是知识抽象及问题的相似性判别。

定性推理是模仿人类常识推理的一种推理方式。定性推理主要通过简化问题描述，将传统的定量描述方法转化为定性模型，从而捕捉定量关系所隐含的知识，进而进行推理和给出定性解释，因此非常适合于定量信息不足的概念设计早期阶段。定性推理通常用离散符号系统表达知识，能够反映和推理物理原理中的因果关系。事实上，功能与结构通过行为联系正反映了这种因果关系。Qian 和 Umeda 在其概念设计研究中均应用了定性推理方法。定性推理具有易于实现的优点，其缺点是知识属性划分困难。

Agent 推理是模仿人类分布式信息处理的一种推理方式，其基本思想是单元决策、协同求解。Agent 推理实行并行工作方式，通过多

Agent 的协同能够完成整个设计任务并获得高质量的解。A-design 方法由实现不同目标的 Agent 协同完成最优概念方案的生成[51]。邓家褆在其设计基本理论中也应用了 Agent 技术[52]。目前基于 Agent 推理设计研究的重点是多 Agent 协调与冲突管理。

进化推理是指借鉴自然进化原理实现的一种推理方法。进化推理能够产生创新方案,具有并行性和自适应的优点,其表达模型是基因模型。目前进化推理的应用主要集中在产品结构方案设计上[58,63],用于功能向结构映射推理的研究还较少。

表 1.2　概念设计方案智能推理方法比较

推理类型	推理方法	特　　　点	研究人员
数据驱动	实例推理	优点:表达能力强,有自学习能力; 缺点:需大量良好实例	宋玉银, Lee, Mostow
	神经网络	优点:有自学习、自组织和容错能力; 缺点:需大量样本训练,训练时间长	钟佩思
知识驱动	规则推理	优点:易于实现; 缺点:知识获取困难	Zhang
	类比推理	优点:易于创新; 缺点:知识抽象困难	Qian L, Goel A, 陈建国
	定性推理	优点:易于实现; 缺点:知识属性划分困难	Umeda Y
	Agent 推理	优点:分布式处理能力; 缺点:知识操作复杂	Campbell M I, 邓家褆
	进化推理	优点:自适应能力; 缺点:获取解时间较长	Parmee I C[53], 张向军

1.4.4　概念设计系统研究

目前国际上已经研究和开发的概念设计系统由于其着眼点不同,指导思想也各不相同。某些系统侧重于相关领域知识的获取、表达与应用,从而自动完成设计任务;某些系统擅长多方案自动求解;某些系统强调完成设计任务的协调性、协作性和协商性;还有些系统重点实现创新设计思维的规范和自动化等。本文将概念设计系统分为商业化设计系统和实验概念设计系统两大类。

1.4.4.1 商业化的概念设计系统

该类系统主要包含 TRIZ 及一些大型 3D 软件的工业设计模块,如 Pro/Engineer、EDS Unigraphics、Autodesk、SolidWorks、CATIA 等都提供了有关产品早期设计的系统模块,称之为工业设计模块、概念设计模块或草图设计模块。

1. TRIZ 创新设计系统

TRIZ(Theory of Inventive Problem Solving)是俄文发明问题解决理论的词头,该理论是前苏联 G..S Altshuler 及其领导的一批科研人员,自 1946 年开始在分析研究世界 250 万专利的基础上所提出的发明问题解决理论,该原理不仅能被确认也能被整理形成一种理论,掌握该理论的人不仅能提高成功率,缩短发明周期,也能使发明问题具有可见性,发明问题解决理论的核心是技术进化原理[41]。按照这一原理,技术系统一直处于进化之中,解决冲突是其进化的推动力。

G..S Altshuler 等人依据世界上著名的发明,研究了消除冲突的方法,提出了消除冲突的发明原理,建立了消除冲突的基于知识的逻辑方法,这些方法包括发明原理(Inventive Principles)、发明问题解决算法(Algorithm for Inventive Solving)及标准解(TRIZ Standard Techniques)。图 1.1 是 TRIZ 解决问题的简图。在利用 TRIZ 解决问题的过程中,设计者首先将待设计的问题表达成 TRIZ 问题,然后利用 TRIZ 中的工具,如发明原理、

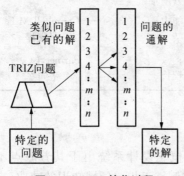

图 1.1 TRIZ 简化过程

标准解等,求出该 TRIZ 问题的普适解或称模拟解。

TRIZ 是专门研究创新和概念设计的理论,已经建立了一系列的普适性工具,帮助设计者尽快获得满意的领域解,不仅在前苏联得到广泛的应用,在美国的很多大企业如波音、通用也得到了应用。

2. CATIA Knowledge Advisor/Expert 知识顾问设计系统

CATIA 的知识工程顾问设计模块提供了对概念设计的有效支持,它是一个基于知识工程的模块。它能有效地把产品设计的知识库结合到产品的设计开发中去,能使设计人员在提高设计效率的同时,遵循最佳的设计实践。

CATIA 知识工程顾问模块,能把隐含的设计实践嵌入到整个设计过程中,并转化为明确的知识。设计人员可以把产品设计过程中所涉及的行业标准、尺寸关联、尺寸约束、特征关联等信息,用 CATIA 模块提供的公式(Formulas)、规则和检查等方法表达成模块化的面向对象的高级语言代码,从而有效表达设计知识。公式选项中可以通过函数公式,表示待定变量与自定义变量和其他一些参数之间的关系,规则选项可以通过编写程序代码,有条件地改变尺寸的值,有条件地激活和隐藏特征,从而实现知识驱动,这些功能都有效地拓展了 CAD 的功能,从而尽可能地向概念设计延伸。

3. Pro/Engineer — Pro/Design 设计模块

Pro/Engineer — Pro/Design 设计模块是专门支持产品概念设计的设计软件,它用于支持自顶而下的投影设计,能自动完成复杂产品的设计任务。此模块包括产品设计的二维非参数化装配布局编辑器,用于概念分析的二维参数模型的布局以及用于组件的三维布局编辑器等。

4. EDS Unigraphics 设计系统

EDS Unigraphics 从 V16 版本后推出了 WAVE 技术,UG18、19、NX 版推出基于知识驱动的智能设计模块,知识熔接技术(Knowledge Fusion,简称 KF),WAVE (What-if Alternative Value Engineering)技术为协同概念设计提供了强大的技术支持。UG/KF

是知识工程在 UG 的充分体现，它为获取和操纵工程规则、设计意图提供了一套强有力的工具，知识熔接可以让用户开发应用系统、通过工程规则控制 UG 的对象，从而超越单纯的几何模型。是实现基于知识驱动概念设计的创新工具。

1.4.4.2　实验性概念设计系统

实验性概念设计系统充分利用现有的理论、方法和技术，借鉴专家系统、智能决策支持系统等工具，验证相应的研究成果开发出解决某类设计问题的专用设计系统。表 1.3 列出了一些典型的概念设计系统。

表 1.3　典型概念设计系统研究状况

序	系统名称	表达方法	推理技术	系统特点	应用范围
1	DSSUA	功能—行为—结构、原型表达	类比推理	侧重于创新设计	一般系统
2	EFDEX	面向对象与基于规则混合表达	基于规则推理	推理能力强	一般系统
3	FBS Modeler	功能—行为—状态	定性推理	支持功能共享	一般系统
4	CONDES	面向对象与基于规则混合表达	基于规则推理	侧重于智能推理	一般系统
5	Kritik, Ideal	结构—行为—功能	实例推理、类比推理	侧重于创新设计	一般系统
6	Schemebuilder	键合图	基于规则推理	支持多学科设计	能量系统
7	A-design System	键合图	Agent 推理	支持创新设计	能量系统
8	CSCCD	基于约束的表达	基于约束推理	侧重于协同设计	一般系统
9	CBR 设计系统	框架和规则混合表达	实例推理	推理能力强、效率高	一般系统
10	机构系统方案设计专家系统	—	二元逻辑推理	推理能力强、效率高	一般系统
11	复式布料系统	可拓依存图理论	菱形思维模型	侧重于创新设计	一般系统

归纳起来主要有以下几种：

（1）DSSUA 是悉尼大学 Gero J S 领导的研究小组于 1992 年开发的原型系统[22]。该系统基于功能—行为—结构框架，能够支持领域间类比，有一定的创新能力。

（2）EFDEX 是由新加坡南洋理工大学 Zhang W. Y. 等人开发的基于知识的概念设计原型系统。该系统具有较强的推理功能，能够避免方案生成的组合爆炸问题[16]。

（3）FBS Modeler 是由日本东京大学 Umeda Y. 等人开发的概念设计系统[14]。该系统不仅建模了设计意图，有利于产品创新，而且能够捕捉冗余功能，实现功能共享。

（4）CONDES 是爱荷华大学 Kusiak 等于 1990 年开发的概念设计系统[49]。该系统采用了面向对象技术和规则相结合的方法，利用对象进行设计的合成，利用规则来指导这个过程。

（5）Kritik 和 Ideal 是佐治亚理工学院 Goel A 等人研制的设计支持系统[45]。两个系统均能支持产品创新设计，其中 Kritik 采用实例推理技术，而 Ideal 则通过扩展 Kritik 实现类比推理。

（6）Schemebuilder 是英国 Lancaster 大学工程设计中心 Bracewell R H 和 Sharpe J E E 提出的。该系统的目的是提供涉及多学科知识的产品设计环境，实现概念设计与详细设计的集成。

（7）A-design System 是美国卡耐基梅隆大学 Campbell M I 等人开发的概念设计系统[51]。系统采用基于 agent 的推理技术，面向机电产品，支持创新设计。

目前国内比较成熟的概念设计系统主要有以下几个方面：

（1）清华大学研制的基于实例推理的产品概念设计，应用于北京市第一机床厂定梁龙门铣床六类进给箱，该系统基于实例模型进行推理，具有较强的推理功能和较高的效率[37]。

（2）上海交通大学研制的机构系统方案设计专家系统[18]，该系统采用组合分类法，二元逻辑推理和综合评判设计，并对四工位专用机床进行概念设计。

（3）五邑大学研制的机械方案创新设计智能支持系统（MCIDISS）[25]—[26]，利用集成推理和结构推理为一体的机械方案创新设计过程模型。

（4）北京航空航天大学研发的基于多代理技术产品概念设计，系统采用分布式的、分层多代理解决方案来实现概念设计功能到行为的映射过程[30]—[33]。

（5）浙江大学 CAD&CG 国家重点实验室开发的 CSCCD 系统，目的是为设计团队提供协同设计环境，主要处理布局方案设计问题。

（6）华中科技大学研发的基于可拓理论的复式布料系统概念设计[54]，系统采用可拓依存图理论表达设计任务书功能信息、功能推理与组件建库，推理采用时间参数的改进型菱形思维模型与量域空间相等的发散终止准则。

上述国内的概念设计系统，以上海交通大学为代表的机械运动系统方案设计较为先进，但也应该认识到以机构为代表的机械运动系统与一般的机械系统的区别。在机构设计中，功能原理解与结构解的关系是存在确定关系的，即机构的自由度与机构的联结方式的关系，而对一般的机械系统，结构方式与功能不存在确定的对应关系。功能到结构的映射最需要设计人员的经验与创造性，最难以用计算机来实现的一个环节。因此，对于机械产品概念设计的研究是一个有待深入的课题。

1.4.5 当前概念设计面临的问题

概念设计是一个极其复杂的创新思维过程，目前关于概念设计创新技术、智能技术、建模技术、交互技术和面向全生命周期设计技术的研究还有许多关键问题有待于进一步解决，主要表现在：

1.4.5.1 缺乏创新性思维方法

现有理论与方法对概念设计上游设计阶段的创造性活动规律研究还很不够，缺乏有效的创新与辩证思维形式化、模型化方法，缺少符合设计者思维习惯的表达与操作模型，设计者对设计过程的参与较少,其智慧和创造性得不到充分的发挥。

1.4.5.2 设计模型集成度低、演化能力不足

目前的设计模型主要考虑从功能到结构的单向映射,很少考虑从结构到功能的回溯,即各个设计层次之间难以互通信息,缺乏有效的反馈和协调机制,使得设计过程缺乏柔性,并导致不合理方案增多,尤其是不能适应设计要求的变更需要。而信息表达则集中在功能、行为和结构的单一描述上,缺乏统一的集成信息表达,导致不同信息的集成和映射能力不足,尤其是难以实现概念设计与后续结构设计、详细设计、工艺设计的无缝集成。

1.4.5.3 难以表达和处理异构知识

知识的异构性要求系统处理的方法应该是灵活多样的,单一的推理技术不能有效地处理异构知识。国内外已进行了大量的研究,规则、框架、语义网、过程以及逻辑都是被普遍采用的知识处理方式,它们共同的缺点在于:① 仅能够研究常规逻辑推理方法,难以描述促进矛盾转化从而解决问题的辩证思维逻辑关系。而辩证思维正是人类解决问题的最精妙之处。② 异构知识模型中没有考虑环境的影响,缺少设计过程的动态信息交互及其环境适应性描述。因此,改进现有的概念设计的功能(Function)—行为(Behavior)—结构(Structure)模型(FBS),考虑环境(Environment)和神经元 Nerve cell 信息,建立概念设计异构知识表达与处理模型显得十分迫切[55]。

1.4.5.4 多目标、多方案求解与再设计能力不足

设计问题是"多输入—多输出"的特性,需要不断反复、不断摸索,逐步达到设计要求。因此,再设计与多方案求解能力是评价系统求解能力和支持能力的两个重要指标。然而长期以来,多方案求解一直是采用类比、符号推理、模糊评判等单一推理方法。这些方法的弊端在于:① 对描述对象的依赖性较大,缺乏多方案生成的形式化统一模型。② 该方法不可避免地陷入设计问题的局部最优。③ 对复杂设计问题,缺乏生成方案的有效方法。因此,应多采用综合推理方法,注重对概念设计适应性、复杂性和智能性的研究与运用。

　　综上所述,理解、研究和支持概念设计活动是一项非常富有挑战性和前沿性研究课题[6]。对于概念设计的研究,不仅要从设计学、人工智能、虚拟现实、计算机建模与仿真的角度,还应该从认知科学、思维科学、系统科学、管理科学等领域进行交叉研究,不断探讨概念设计的创新机理与方法,使概念设计思维达到更新更高的境界。

1.5　本文的研究内容与组织结构

　　设计的灵魂是创新,而创新的源泉从根本上来自人类的智慧。如何将这种灵感、顿悟、直觉等思维形式,科学地进行表达并真正地实现,可拓学为我们提供了理论与方法的保障。

　　可拓学是一门以系统科学、思维科学和数学交叉的边缘新学科[56]—[60],它研究事物开拓创新的可能性和开拓的规律与方法等,国内外可拓研究工作有了一个良好的开端,目前已形成由可拓论、可拓方法和可拓工程构成的学科体系,并已在一些领域进行了应用的尝试。国内外可拓理论的研究领域主要集中在管理科学、经济系统、军事系统和新产品创新等,如广东工业大学可拓工程研究所、北方交通大学、吉林化工学院、济南陆军学院、华东理工大学、美国 Kansas 大学、Nebraska 大学以及英国、台湾等大学正在从事这方面的研究。然而,将可拓学理论引入概念设计尚不多见。

　　作者近年来致力于机械产品智能化概念设计可拓方法的研究[61]—[63],针对新产品概念设计的创造性、复杂性、多目标、多方案以及设计推理的不确定性等特征,研究概念设计的知识表达,统一描述设计过程中的定性和定量知识,建立概念设计的基元模型,总结人类创新设计一般思维过程的规律,研究定性定量集成化的概念设计可拓方法,对于解决目前智能化概念设计理论研究与工程实现中的瓶颈问题,都具有重要的学术意义。

　　本文在国家自然科学基金项目(编号 50175103)"基于可拓学理论的智能化概念设计方法研究"项目的直接资助下,围绕机械产品智能化概念设计的核心技术：设计知识表达、方案分解与综合、设计优化、推理、评价与决策,着重研究概念设计中功能—原理—布局—结构创新思维的形式化模型,形成定性定量相结合的概念设计可拓方法。本文主要研究内容与结构体系如图1.2所示。

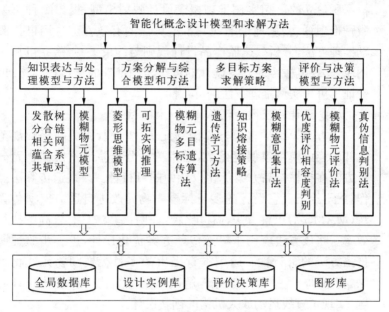

图1.2　本文研究内容与体系结构

本文共分六章,具体内容如下：

第1章　绪论

论述了概念设计的内涵、特征及研究意义与作用,综述了国内外概念设计研究的基本方法,分析了存在的问题,提出本文的研究内容。

第2章　概念设计的可拓知识模型

本章主要建立了定性(基元可拓性等)与定量(关联函数等)相结合的可拓知识表达模型,利用发散树、分合链、相关网、共轭对、蕴含系等可拓方法,表达概念设计知识,提出概念设计过程的多

级菱形思维模型,详细分析了菱形思维的发散与收敛过程,提出
采用可拓综合评判等方法进行收敛性设计,并在加工中心刀库
可拓概念设计系统中得到验证。

第 3 章　概念设计的可拓实例推理方法

根据所建立的可拓实例推理概念设计映射模型,提出一种可拓
激励推理算法,从理论上证明了该算法的有效性。应用可拓激
励推理方法,分析减速器产品设计规则与约束关系,建立可拓实
例库,实现机械传动方案设计的可拓实例推理的全过程,有效地
验证了可拓实例推理方法的可行性。

第 4 章　概念设计的模糊物元多目标优化方法

建立了方案设计的多目标模糊物元优化模型,将关联函数规范
化并转换成模糊隶属度函数,运用关联分析验证了模糊物元分
析方法在机械产品方案优化设计中的可行性。改进遗传算法操
作算子,给出概念设计的多目标模糊物元改进自适应宏遗传算
法(MAMGA)求解方法,通过比较,证明该算法具有较高的执行
效率。将该方法应用于机械传动方案优化设计,进一步验证所
提出方法的可行性。运用本章提出的多目标模糊物元优化方
法,在 ANSYS 平台上较好地解决了柔性结构拓扑优化设计问
题,实现了直线运动放大机构的创新设计。

第 5 章　可拓概念设计原型系统

本章分析并开发了可拓概念设计原型系统。首先描述了可拓概
念设计系统的总体框架结构和功能,然后重点介绍了该原型系
统的可拓实例推理模块、模糊物元优化模块、知识熔接布局设计
模块和可拓决策与评价模块的详细设计过程。在 UG NX1.0 设
计平台上,实现了机械减速器、手机等产品的可拓概念设计过
程,验证了概念设计的可拓实例推理方法、模糊物元优化方法、
可拓进化方法和可拓综合评价等方法的可行性与有效性。

第 6 章　总结与展望

对全文工作进行了总结,展望了智能化概念设计尚需进一步研

究的课题和应用前景。

参 考 文 献

［1］ 路甬祥. 工程设计的发展趋势和未来. 机械工程学报，1997，33（1）：
1～8

［2］ 周济，查建中，肖人彬. 智能设计. 北京：高等教育出版社,1998

［3］ Pahl. G, and Beitz W. Engineering Design — A Systematic Approach,
2nd Ed. London：Springer，1996

［4］ Hague MJ，Taleb B. A. Tool for the management of concurrent
conceptual engineering design. Concurrent Engineering，1998，6（2）：
111～112

［5］ French M. J. Conceptual Design for Engineers Second Edition. London：
The Design Council,1985

［6］ 李岳梅. 人本概念设计. 计算机辅助设计与制造，2001,5：11～15

［7］ Altshuller G.. Creativity as an Exact Science，NY：Gordon and
Breach，1984

［8］ Smith S. M.. Creative Cognition：Demystifying Creativity，in C. N.
Hedley et al. , eds, Thinking and Literacy — The Mind at Work,
Lawrence Erlbaum Associates，NJ：Hillsdale，1995

［9］ LangleyP, and Jones R. Computational Model of Scientific Insight，in R.
J. Sternberg, ed, The Nature of Creativity — Contemporary Psychological
Perspectives，NY：Cambridge University Press，1988

［10］ Suh NP. The principles of design. New York：Oxford University Press,
1990. Suh NP. Axiomatic design：advances and applications. New York：
Oxford University Press，2001

［11］ 韩晓建，邓家提. 基于多代理技术的产品概念设计系统的实现. 制造业
自动化,1999,21（4）：255～259

［12］ 黄洪钟，赵正佳等. 基于遗传算法的方案智能优化设计. 计算机辅助设
计与图形学学报，2002，14（5）：437～441

［13］ Shimomuray Y，Yoshioka M，Takeda H，et al. Representation of design object based on the functional evolution process mode. Journal of Mechanical Design，1998，120(7)：221～229

[14] Umeda Y，Ishii M，Yoshioka M，et al. Supporting conceptual design based on the function-behavior-state modeler. Artificial intelligence for Engineering Design，Analysis and Manufacturing，1996，10(4)：275～88

[15] Deng Y‐M，Tor S B，Britton G A. Abstracting and exploring functional design information for conceptual mechanical product design. Engineering with Computers，2000，16(1)：36～52

[16] Zhang W Y，Tor S B，Britton G A，Deng Y‐M. EFDEX：a knowledge-based expert system for functional design of engineering systems. Engineering with Computers，2001，17(4)：339～353

[17] 檀润华,谢英俊. 基于功率健图的概念设计. 机械设计，1997(7)：1～3

[18] 邹慧君,汪利,王石刚等. 机械产品概念设计及其方法综述. 机械设计与研究，1998(2)：9～12

[19] Hong-Sen Yan. Creative Design of Mechanical Devices，Springer print，1998，2

[20] Chakrabarti A，Bligh T P. A scheme for functional reasoning in conceptual design. Design Studies，2001,22(6)：493～517

[21] 冯培恩，徐国荣. 基于设计目录的原理方案及其求解过程的特征建模. 机械工程学报，1998，34(2)：79～86

[22] John S Gero. Artificial intelligence in computer-aided design：Progress and prognosis. Computer-Aided Design，1996,28(3)：153～154

[23] Y. M. Huang，On the General Evaluation of Customer Requirements During Conceptual Design，Transaction of the ASME，Journal of Mechanical Design，2000,122(1)：92～97

[24] 蔡逆水,邹慧君,王石刚等. 基于多层推理机制的机械产品概念设计. 计算机辅助设计与图形学学报，1997，17(6)：549～553

[25] 孔凡国,邹慧君. 基于实例的机构创新设计理论与方法的研究. 机械与电子，1996(2)：17～19

[26] 孔凡国,邓祥明. 智能化概念设计系统集成求解策略的研究. 工程图学学报，1998(2)：66～71

[27] 毛权,肖人彬,周济. CRB 中基于实例特性的相似实例检索模型研究. 计

算机研究与发展，1997，34(4)：257～263

[28] Sasajima M, Kitamura Y, et al. Representation language for behavior and function：FBRL. Expert Systems with Applications，1996，10(3/4)：471～479

[29] 潘云鹤. 智能 CAD 方法与模型. 北京：科学出版社，1997

[30] 韩晓建，邓家提. 基于多代理技术的产品概念设计系统的实现. 制造业自动化，1999，21(4)：153～157

[31] Maher，M. L. Assessing computational methods with a framework for creative design processes. Preprints Computational Models of Creative Design. University of Sydney. 1995，233～265

[32] 玄光男，程润伟等. 遗传算法与工程设计. 北京：科学出版社，2000.1

[33] 邓家褆. 产品设计的基本理论与技术. 中国机械工程，2000，11(1/2)：139～143

[34] Al-Hakim L，Kusiak A，Mathew J. Graph-theoretic approach to conceptual design with functional perspectives. Computer-Aided Design，2000，32(14)：867～875

[35] Gorti S R，Gupta A，et al. An object-oriented representation for product and design processes. Computer-Aided Design，1998，30(7)：489～501

[36] 张建军，檀润华等. 概念设计中方案评价的罚优化模型. 计算机辅助设计与图形学学报，2001，13(9)：800～804

[37] 宋玉银，蔡复之等. 基于实例推理的产品概念设计系统. 清华大学学报，1998，38(8)：5～8

[38] 孙正兴，张福炎. 特征设计方法在方案设计中的应用初探. 机械设计与研究，1999，15(1)：21～24

[39] Suh N P. The principle of design. Oxford University Press，1990

[40] Tomiyama T. General design theory and its extension and application. Grabowski H，Rude S，Grein G，Universal Design Theory，Aachen，Shaker Verlag，1998，25～44

[41] Sushkov V. TRIZ：A systematic approach to conceptual design. Grabowski H，Rude S，Grein G，Universal Design Theory，Aachen，Shaker Verlag，1998，223～234

[42] 牛占文，徐燕申等. 实现产品创新的关键技术——计算机辅助创新技术.

机械工程学报，2000,36(1)：11~14

[43] Lee Dongkon，Lee Kyung-Ho. An approach to case-based system for conceptual ship design assistant. Expert System with Applications，1999，16(1)：97~104

[44] Mostow J，Barley M，Weinrich T. Automated resue of design plans in BOGART. International Journal of Artificial Intelligence In Engineering，1992,4(4)：181~196

[45] Bhatta S，Goel A，Prabhakar S. Innovative in analogical design：a model-based approach. In：Proceedings of the Third International Conference on AI in Design，Kluwer Academic Publishers，1994，57~74

[46] 张向军,桂长林. 智能设计中的基因模型. 机械工程学报，2001,37(2)：8~11

[47] Kumara S，Ham I. Use of associative memory and self-organization in conceptual design. Annals of the CIRP, 1990,39(1)：117~120

[48] 钟佩思，高国安. 基于神经网络块的混合型方案设计知识库系统. 机械设计，1999，16(5)：1~2

[49] Kusiak A Szczerbicki E，Vujosevic R. Intelligent design systhesis：an object-oriental approach. International Journal of Production Research，1991,29(7)：1291~1308

[50] Qian L，Gero J S. Function-behavior-structure paths and their role in analogy-based design. Artificial Intelligence for Engineering Design，Analysis and Manufacturing：AIEDAM, 1996,10(4)：289~312

[51] Camppbell M I，Cagan J，Kotovsky K. Agent-based synthesis of electromechanical design configurations. Journal of mechanical design，Transactions of the ASME, 2000,122(1)：61~69

[52] 韩晓建，邓家褆. 产品概念设计的方案评价方法. 北京航空航天大学学报，2000，26(2)：210~212

[53] Parmee I C，Bonham C R. Towards the support of innovative conceptual design through interactive evolutionary computing strategies. Artificial Intelligence for Engineering Design，Analysis and Manufacturing：AIEDAM, 2000,14(1)：3~16

[54] 张国全. 基于可拓理论研究复式布料系统概念设计,华中科技大学博士学

位论文,2003,10

[55] 欧阳渺安. 机床模块综合的智能决策支持系统研究,华中理工大学博士学位论文,1996,6

[56] 蔡文. 可拓学理论及其应用. 中国科学通报,1999,44(7):673～682

[57] 蔡文,杨春燕,何斌. 可拓逻辑初步. 北京:科学出版社,2003

[58] 蔡文,杨春燕,林伟初. 可拓工程方法. 北京:科学出版社,1997

[59] 蔡文. 物元模型及其应用. 北京:科学技术文献出版社,1994

[60] 蔡文. 可拓学概述. 系统工程理论与实践,1998,(1):76～84

[61] 赵燕伟. 机械产品可拓概念设计研究,中国工程科学,2001,No. 6

[62] Y. W. Zhao, G. X. Zhang. A New Integrated Design Method Based On Fuzzy Matter-Element Optimization, Journal of Materials Processing Technology, Volume129, Issues1－3, 11 October 2002, 612～618, Published by Elsevier Science B. V.

[63] Zhao Yanwei, Wang Wanliang, Zhang Guoxian. The Rhombus-Thinking Method And Its Application In Scheme Design, CHINESE JOURNAL OF MECHANICAL ENGINEERING,(English Edition) 2001, Vol. 14, No. 2, 156～159

第 2 章　概念设计的可拓知识模型

2.1　可拓基元与复合元理论

可拓学是用形式化的模型研究事物拓展的可能性和开拓创新的规律与方法,并用于解决矛盾问题的科学[1]—[4]。可拓学的基本理论是可拓论,它包括基元理论、可拓集合理论和可拓逻辑三个组成部分。可拓学以基元(包括物元、事元和关系元)为逻辑细胞,以可拓工程方法为研究手段[5]—[6]。

客观世界由万物构成,物的相互作用构成为事,可拓基元与复合元是形式化描述物、事和它们之间关系的理论工具[7]—[9]。

2.1.1　物元及其可拓性[10]

将物 N、特征名 c 和 N 关于 c 的量值 v 构成的有序三元组

$$R = (N, c, v) \tag{2.1}$$

作为描述物 N 的基本元,称为一维物元,N,c,v 三者称为物元 R 的三要素,其中,c 和 v 构成的二元组 $M = (c, v)$,表示物 N 的特征。将物元的全体记为 $\mathcal{L}(R)$,物的全体记为 $\mathcal{L}(N)$,特征的全体记为 $\mathcal{L}(c)$。关于特征 c 的取值范围记为 $V(c)$,称为 c 的量域。

物 N,n 个特征 c_1, c_2, $\cdots$, c_n 及 N 关于 $c_i(i = 1, 2, \cdots, n)$ 对应的量值 $v_i(i = 1, 2, \cdots, n)$ 所构成的下列阵列称为 n 维物元

$$R = \begin{bmatrix} N, & c_1 & v_1 \\ & c_2 & v_2 \\ & \vdots & \vdots \\ & c_n & v_n \end{bmatrix} = (N, C, V) \tag{2.2}$$

其中,

$$C = \begin{bmatrix} c_1 \\ c_2 \\ \vdots \\ c_n \end{bmatrix}, \quad V = \begin{bmatrix} v_1 \\ v_2 \\ \vdots \\ v_n \end{bmatrix}$$

在物元 $R = (N, c, v)$ 中,若 N, v 是参数 t 的函数,称 R 为参变量物元,记作

$$R = (N(t), c, v(t)) \tag{2.3}$$

这时, $v(t) = c(N(t))$。

对于多个特征,有多维参变量物元,记作

$$R(t) = \begin{bmatrix} N(t), & c_1 & v_1(t) \\ & c_2 & v_2(t) \\ & \vdots & \vdots \\ & c_n & v_n(t) \end{bmatrix} = (N(t), C, V(t)) \tag{2.4}$$

给定一物,它关于任一特征名都有对应的量值,并且在同一时刻是唯一的。当该量值不存在时,用空量值 Φ 表示。如果 N 关于特征 c 的量值为非空量值,称 c 为 N 的非空特征,对应的特征元为非空特征元。

物 N 的一切非空特征所对应的物元

$$\begin{bmatrix} N, & c_1 & v_1 \\ & \vdots & \vdots \\ & c_n & v_n \\ & \vdots & \vdots \end{bmatrix} \tag{2.5}$$

称为物 N 的全征物元,记作 cpR(N)。全征物元表达了物和物元的关系 $N = $ cpR(N)。

可拓性是物具有的性质,包括发散性、可扩性、相关性、蕴含性。利用物元可拓性,形成可拓分析方法,相应地称为发散树、分合链、相

关网和共蕴含系[2]。

2.1.2　事元及其可拓性[11]

物与物的相互作用称为事,事以事元来描述。将动词 d、动词的特征名 b 及相应的量值 u 构成的有序三元组作为描述事的基本元,称为一维事元,记作

$$I = (动词,动词的特征名,量值) = (d, b, u) \qquad (2.6)$$

与物元类似,称 (b, u) 为事元 I 的特征元。对动词而言,它的基本特征名有:支配对象、施动对象、接受对象、时间、地点、程度、方式、工具。动词 d,n 个特征 b_1, b_2, $\cdots$, b_n 和 d 关于 b_1, b_2, $\cdots$, b_n 取得的量值 u_1, u_2, $\cdots$, u_n 构成的阵列

$$\begin{bmatrix} d & b_1 & u_1 \\ & b_2 & u_2 \\ & \vdots & \vdots \\ & b_n & u_n \end{bmatrix} \qquad (2.7)$$

称为 n 维事元,其中

$$B = \begin{bmatrix} b_1 \\ b_2 \\ \vdots \\ b_n \end{bmatrix}, \quad U = \begin{bmatrix} u_1 \\ u_2 \\ \vdots \\ u_n \end{bmatrix}$$

在事元 $I = (d, b, u)$ 中,若 d 和 u 是参数 t 的函数,则称 I 为参变量事元,记作

$$I(t) = (d(t), b, u(t)) \qquad (2.8)$$

对于多维事元,有

$$I(t) = (d(t), B, U(t)) \qquad (2.9)$$

给定事元 $I_1 = (d_1, b_1, u_1)$,$I_2 = (d_2, b_2, u_2)$,称为 $I_1 = I_2$,当且仅当 $d_1 = d_2$, $b_1 = b_2$,$u_1 = u_2$,记作 $I_1 = I_2$。

事元与物元具有相同的结构形式,因此,与物元相仿,事元也是具有发散性、可扩性、相关性和蕴含性。

2.1.3 关系元及其可拓性[2]

某一物、事与其他的物、事之间可能有不同的关系,这些关系之间又有相互作用、相互影响。因此,对应的物元、事元也与其他的物元、事元应能描述这样的关系及其相互作用。关系元就是描述这类现象的形式化工具。

关系元以关系词或关系符(亦称关系名)s,n 个特征 $a_1, a_2, \cdots, a_n$ 和相应的量值 $w_1, w_2, \cdots, w_n$ 构成的 n 维阵列:

$$\begin{bmatrix} s, & a_1, & w_1, \\ & a_2, & w_2, \\ & \vdots & \vdots \\ & a_n, & w_n \end{bmatrix} = (s, A, W) = Q \qquad (2.10)$$

用于描述 w 的关系,称为 n 维关系元,其中

$$A = \begin{bmatrix} a_1 \\ a_2 \\ \vdots \\ a_n \end{bmatrix}, \quad W = \begin{bmatrix} w_1 \\ w_2 \\ \vdots \\ w_n \end{bmatrix}$$

a_1 和 a_2 分别表示前项和后项,a_3 表示程度,$a_4, \cdots, a_n$ 分别表示关系 s 的其他特征。例如:

$$Q = \begin{bmatrix} 传动关系, & 前项, & 圆柱直齿轮 \\ & 后项, & 圆柱直齿轮 \\ & 传动比, & <4 \\ & 效率, & 0.9 \\ & 传动功率, & 40\,kW \\ & 结构, & 紧凑 \\ & 噪声情况, & 较小 \end{bmatrix} = \begin{bmatrix} s, & a_1, & w_1 \\ & a_2, & w_2 \\ & a_3, & w_3 \\ & a_4, & w_4 \\ & a_5, & w_5 \\ & a_6, & w_6 \\ & a_7, & w_7 \end{bmatrix} \qquad (2.11)$$

描述了圆柱直齿轮 1 和圆柱直齿轮 2 传动关系。

若 Q 描述的关系是某参数 t 的函数 $Q(t)$，

$$Q(t) = \begin{bmatrix} s(t), & a_1, & w_1(t) \\ & a_2, & w_2(t) \\ & \vdots & \vdots \\ & a_n, & w_n(t) \\ & \vdots & \vdots \end{bmatrix} \tag{2.12}$$

则称为参变量关系元。$Q(t)$ 描述了 w_1 和 w_2 的关系 s 随时间 t 的改变而产生的动态变化（包括关系程度的变化）。不同的人、事、物的影响也使关系产生变化，这些变化表现为关系程度的改变，若把 w_1 和 w_2 的关系程度纪为 $w_1(w_1, w_2)$，则

$$w_3(w_1, w_2) = f(t, N, R, I, Q') \tag{2.13}$$

其中，t 可以是时间、空间或其他参变量，N 为人或物，R 为物元，I 为事元，Q' 为其他关系元。关系元的变化表达式的建立、加深、中断、恶化等，它可以是正值、零或负值。

两个关系元 $Q_1 = \begin{bmatrix} s_1, & a_1, & w_{11} \\ & a_2, & w_{12} \\ & \vdots & \vdots \\ & a_n, & w_{1n} \end{bmatrix}$, $Q_2 = \begin{bmatrix} s_2, & a_1, & w_{21} \\ & a_2, & w_{22} \\ & \vdots & \vdots \\ & a_n, & w_{2n} \end{bmatrix}$ 当

且仅当 $s_1 = s_2$，而且对于 $i \in (1, 2, \cdots, n)$，有 $w_{1i} = w_{2i}$ 称两关系元是相等的，记作 $Q_1 = Q_2$。

类似于物元和事元的可拓性，关系元也具有发散性、相关性、蕴含性和可扩性。

2.1.4 复合元[2]

用物元、事元和关系元复合的形式来表达复杂对象，统称为复合元。研究复合元的构成、运算和变换是可拓学研究复杂问题的基础。

复合元可以有七种形式：物元和物元形成的复合元,物元和事元形成的复合元,物元和关系元形成的复合元,事元和事元形成的复合元,事元和关系元形成的复合元,关系元和关系元形成的复合元,以及物元、事元和关系元形成的复合元。

2.1.4.1 物元和物元形成的复合元

若 $R=(N,c,v)$，$R_1=(N_1,c_1,v_1)$，则 $R'=(R_1,c,v)=((N_1,c_1,v_1),c,v)$ 称为复合物元。

例如：$R_1=((手机A,特殊性能,能录像),价格,贵)$ 表示"具有录像功能的手机 A,价格比较贵"。

2.1.4.2 物元和关系元形成的复合元

若 $R_1=(N_1,c_1,v_1)$，$R_2=(N_2,c_2,v_2)$，$Q=\begin{bmatrix} s, & a_1, & w_1 \\ & a_2, & w_2 \end{bmatrix}$，$R=(N,c,v)$，则 $Q=\begin{bmatrix} s, & a_1, & R_1 \\ & a_2, & R_2 \end{bmatrix}$，$R=(Q,c,v)$ 称为物元和关系元形成的复合元。

例如：

$$Q=\begin{bmatrix} 传动关系, & a_1, & (甲, & 齿数, & 40) \\ & a_2, & (已, & 齿数, & 250) \end{bmatrix}=\begin{bmatrix} s, & a_1, & R_1 \\ & a_2, & R_2 \end{bmatrix}$$

2.1.4.3 关系元和关系元形成的复合元

若 $Q_1=\begin{bmatrix} s_1, & a_1, & w_{11} \\ & a_2, & w_{12} \end{bmatrix}$，$Q_2=\begin{bmatrix} s_2, & a_1, & w_{21} \\ & a_2, & w_{22} \end{bmatrix}$，则称 $Q=\begin{bmatrix} s_1, & a_1, & Q_1 \\ & a_2, & Q_2 \end{bmatrix}$ 为由关系元 Q_1 和关系元 Q_2 复合而成的复合元。

例如：

$$Q_1=\begin{bmatrix} 控制关系, & a_1, & 驾驶员 \\ & a_2, & 变速器 \end{bmatrix}$$

$$Q_2=\begin{bmatrix} 传动关系, & a_1, & 发动机\oplus传动轴 \\ & a_2, & 变速器 \end{bmatrix}$$

则

$$Q = \begin{bmatrix} 控制关系, & a_1, & Q_1 \\ & a_2, & Q_2 \end{bmatrix}$$

为 Q_1 和 Q_2 复合而成的复合元。

2.1.5 关联度[2]—[8]

在可拓集合中,建立了关联函数的概念。通过关联函数值可以定量地描述论域 U 中任何元素属于正域、负域和零界三个域中的哪一个,就是属于同一个域中的元素也可以由关联函数值的大小区分出不同的层次。

为了建立实数域上的关联函数,首先把实数中距离的概念拓广为距的概念。

2.1.5.1 距

设 x_0 为实数域中的任一点,$X_0 = \langle \alpha, \beta \rangle$ 为实数域上的任一区间,称

$$\rho(x_0, X_0) = \left| x_0 - \frac{\alpha + \beta}{2} \right| - \frac{\beta - \alpha}{2} \tag{2.14}$$

为点 x_0 与区间 $X_0 = \langle \alpha, \beta \rangle$ 之距。其中$\langle \alpha, \beta \rangle$ 既可是开区间,也可以是闭区间,还可以是半开半闭区间。一般地,设 $X_0 = \langle \alpha, \beta \rangle, X = \langle \alpha', \beta' \rangle$,且$X_0 \subset X$,则点 x 关于区间X_0 和 X 组成的区间套的位置规定为

$$D(x, X_0, X) = \begin{cases} \rho(x, X) - \rho(x, X_0), & x \notin X_0 \\ -1, & x \in X_0 \end{cases} \tag{2.15}$$

$D(x, X_0, X)$ 就描述了点 x_0 与 X_0 和 X 组成地区间套的位置关系。

2.1.5.2 关联函数[12]

在可拓集合中,利用关联函数定量描述可拓域 U 中任一元素属

于正域、负域和零界的程度。关联函数一般定义为

$$K(x) = \frac{\rho(x, X_0)}{D(x, X_0, X)} \qquad (2.16)$$

（其中 $X_0 \subset X$ 实数域）式中 $\rho(x, X_0)$ 为点 x 与区间 $X_0 = \langle a, b \rangle$ 之距；$D(x, X_0, X)$ 表示 x 关于区间 X_0 和 X 组成的区间套位置关系；当 X_0 和 X 取相同的区间时，$K(x)$ 在 $(0,1)$ 间取值，这时的关联度表征着 x 与标准取值区间 X_0 的关联程度。

设用户对产品的需求由 $c_1, c_2, \cdots, c_n$ 特征组成，则产品的物元模型 R 表示为

$$R = \begin{bmatrix} N & c_1 & v_1 \\ & c_2 & v_2 \\ & \vdots & \vdots \\ & c_n & v_n \end{bmatrix} \qquad (2.17)$$

式中，$v_1, v_2, \cdots, v_n$ 是特征 $c_1, c_2, \cdots, c_n$ 相应的量值。

1. 如果 $v_\lambda (\lambda = 1, 2, \cdots, n)$ 是一个确定的值

对于"大越优型，小越优型"可分别采用以下方法计算。

$$K(v_\lambda) = \frac{\max v_\lambda - v_\lambda}{\max v_\lambda - \min v_\lambda} \qquad (2.18)$$

或

$$K(v_\lambda) = \frac{v_\lambda - \min v_\lambda}{\max v_\lambda - \min v_\lambda} \qquad (2.19)$$

其中，$\max v_\lambda, \min v_\lambda$ 是在各个产品中 v_λ 的最大值和最小值。

对于"适中型"的其关联函数可采用

$$K(v_\lambda) = \begin{cases} 0 & v_\lambda < v_\lambda' - \sigma_\lambda \\ 1 - \dfrac{|v_\lambda - v_\lambda'|}{\sigma_\lambda} & v_\lambda' - \sigma_\lambda \leqslant v_\lambda \leqslant v_\lambda' + \sigma_\lambda \\ 0 & v_\lambda > v_\lambda' + \sigma_\lambda \end{cases} \qquad (2.20)$$

式中，$u_\lambda' \pm \sigma_\lambda$ 是市场或用户对产品各项指标的需求值，σ_λ 是相应需求项的误差范围。$K(v_\lambda)$ 代表产品对第 λ 项需求指标的实际关联度。

2. 如果 $v_i(i=1,2,\cdots,m)$ 是一个模糊的值

可采用类似如下的方法

$$K(v_\lambda) = \begin{cases} 1 & v_\lambda = \text{甲级} \\ 0.5 & v_\lambda = \text{乙级} \\ -1 & v_\lambda = \text{乙级以下} \end{cases} \tag{2.21}$$

2.1.5.3 特征函数、隶属函数与关联函数的区别

在经典数学中，给定论域 U 及 U 中的一个经典子集，人们用 0、1 两个数来表征 U 中的某元素 u 属于 A 或不属于 A，即

$$f(u) = \begin{cases} 0 & u \in A \\ 1 & u \notin A \end{cases} \tag{2.22}$$

称此函数为特征函数，它是描述事物确定性的工具。

在模糊数学中，定义一个全域 $E=(x)$ 上的模糊集合 A 由隶属函数 $u_A(x)$ 来表现，其中 $u_A(x)$ 在毕区间 $[0,1]$ 中取值，$u_A(x)$ 的大小反映 x 对模糊集合 A 的隶属程度。这就是说，在全域 $E=(x)$ 上的模糊集合 A 是指 E 中的具有某种性质的元素的全体。这些元素具有某些不分明的界限，对于 E 中任一元素，我们能够根据该元素的性质，用一个 $[0,1]$ 间的数来表示这个元素隶属 A 的程度。

可拓集合是用关联函数来刻画的，关联函数的取值范围是整个实轴，可以用代数式加以表达。由以上可见，特征函授与隶属函数都是关联函数的特例，特征函数与隶属函数都是两个特殊的关联函数。

2.2 基于可拓模型的知识表示方法[2]

2.2.1 引言

知识表示、知识获取和知识处理是知识工程的三大支柱，其核心

是知识表示。目前常用的知识表示方法有产生式规则、语义网络、框架表示、模糊逻辑等,这些知识表示各有各的特点,如产生式的自然性,语义网络的层次性,框架的通用性,模糊逻辑对模糊知识的适用性等,但它们也各有其局限性,如产生式表达深层知识非常困难。框架的固定性使许多表达结果与原型不符等[13]—[14]。

知识表示的能力直接影响了推理的有效性和知识获取的能力。因此,目前在专家系统构造中面临一些迫切需要解决的问题。一是知识获取方面的困难,包括领域专家提供的知识往往存在着矛盾性和不相容性,需要设计出适用矛盾问题的知识表示;二是现有的专家系统自学习能力差,系统不得不包含数万条规则,使维护与管理工作困难,这显然是与知识表示方法有关的;三是由于知识表示能力的限制,使复杂系统的固有结构和能力方面的深层知识难以表述,比如知识中的语义逻辑和语用逻辑等等;四是创造性思维还很难在智能体系系统中得到"发挥"。

本文将可拓模型与谓词、产生式、语义网络、框架等经典知识表示方法相结合,研究可拓知识表示方法。可拓模型以基元作为描述事和物的基本元,利用它来描述信息和知识,描述了事物开拓的多种可能性,可以克服上述描述方法的某些缺点。它较为简洁和规范,便于操作。其次,可拓性系统地描述了事物开拓的可能性。这为提高人工智能的创造性思维能力和策略生成技术提供了新的理论和方法。第三,利用基元的可拓性可以为知识获取提供新的技术和方法。可拓方法从定性和定量结合的角度,研究解决矛盾问题的规律和方法,为在知识库系统中解决深层知识的获取和处理提供了新的工具。

2.2.2 谓词的基元表示方法

谓词逻辑作为最早使用的一种知识表示方法,具有自然、准确、灵活、模块化的优点,其推理系统采用归结原理,该方法在自动定理证明等应用中取得了很大的成功。谓词逻辑表示方法的主要缺点是：① 它能表达的知识比较简单,难以描述复杂知识;② 由于许多实际问题的求解是不完备的和不精确的,因此不能描述这些不确定性知识;③ 易于产生组合爆炸,因而推理效率比较低。

从表达形式上,物元与谓词名为特征名的谓词形式具有对应关系,都表达陈述型知识,即谓词 $c(N,v)$ 可以表达为物元 $R=(N, c, v)$ 的形式。

例如,"减速器的是具有变速的功能"用谓词表达为：

功能(减速器,变速),而用物元表达为

$$R_1 = (减速器,功能,变速)$$

"汽车颜色是银白色"用谓词表达为：颜色(汽车,银白色),用物元表示为：

$$R_2 = (汽车,颜色,银白色)$$

把以动词为谓词名的谓词转化为相应的事元,必须在原来的个体补上相应的特征名。

例如,"甲通过小灵通打电话给乙"用谓词表达为：打电话(甲,乙,小灵通),用事元表达为

$$I_3 = \begin{bmatrix} 打电话, & 支配对象, & 乙 \\ & 施动对象, & 甲 \\ & 方式, & 小灵通 \end{bmatrix}$$

根据关系元的定义,表示关系的谓词可以用关系元来表示,如后面(加工中心,刀库)表示"刀库设计在加工中心的后面"可以表达为

$$Q_4 = \begin{bmatrix} 在 \cdots 后面, & a_1, & 刀库 \\ & a_2, & 加工中心 \end{bmatrix}$$

其中,a_1 表示前项,a_2 表示后项。

用基元表示谓词,使表示规范化,便于计算机的操作,而且可以利用基元的可拓性,拓展出更多的信息或知识。

2.2.3 产生式规则的基元表示方法

产生式规则作为一种推理机制广泛地应于专家系统和决策支持系统中。产生式规则具有 if—then 的形式。如果把产生式规则中前件的结点和后件的结点换成基元,就可以得到基元产生式规则。就是说,在基元产生式规则中,知识结点是用基元来表示的。

例如,加工某一工件上的孔,孔的加工要求和所选用的加工方式分别用基元表示如下:

$$
R = \begin{bmatrix}
孔, & 形状, & 圆柱体 \\
 & 表面要求, & 精加工 \\
 & 深度, & 通孔 \\
 & 直径, & > 50 \text{ mm} \\
 & 长度, & < 40 \text{ mm}
\end{bmatrix}
$$

$$
I = \begin{bmatrix}
镗加工, & 支配对象, & 工件 \\
 & 进给量, & 2 \text{ mm} \\
 & 切削速度, & 50 \text{ mm/min}
\end{bmatrix}
$$

则,很显然有 if R then I。

将产生式规则用基元来表示,就可以利用基元的可拓性,为处理矛盾问题提供多种选择的可能途径。

2.2.4 可拓语义网络表示方法

在知识表示方面语义网络具有知识的深化表达、层次性和自然性的优点。它能把实体结构、特征及实体间的因果联系简明地表示出来。它能利用 ISA 和 Subset 等链在网络中建立性质继承层次,便于对继承层次进行演绎推理。语义网络表示同逻辑表示一样自然,但它比逻辑表示更直观,从而更容易理解,更适合与知识工程同领域专家的沟通。它的继承方式符合人类的思维习惯。在语义网络中,一般用小方框表示实体集,用椭圆框表示实体的特征,用菱形框表示

实体之间的联系,用带文字的边表示实体的特征名。例如：电机拖动
方案的语义网络如图 2.1 所示,可以简化为图 2.2。其中,M_1,M_2,
M_3 分别表示实体"设备 A","设备 B","设备 C"的特征,即

$$M_1 = \begin{bmatrix} 名称, & 电动机 \\ 功率, & 11\ kW \\ 转速, & 970\ r/min \end{bmatrix} \quad M_2 = \begin{bmatrix} 名称, & 减速器 \\ 传动比, & 3.2 \\ 级数, & 两级 \end{bmatrix}$$

$$M_3 = \begin{bmatrix} 名称, & 联轴器 \\ 型号, & TL6 \end{bmatrix}$$

$$R_1 = \begin{bmatrix} 设备 A, & 名称, & 电动机 \\ & 功率, & 11\ kW \\ & 转速, & 970\ r/min \end{bmatrix} = (N_1, M_1)$$

$$R_2 = \begin{bmatrix} 设备 B, & 名称, & 减速器 \\ & 传动比, & 3.2 \\ & 级数, & 两级 \end{bmatrix} = (N_2, M_2)$$

$$R_3 = \begin{bmatrix} 设备 C, & 名称, & 联轴器 \\ & 型号, & TL6 \end{bmatrix} = (N_3, M_3)$$

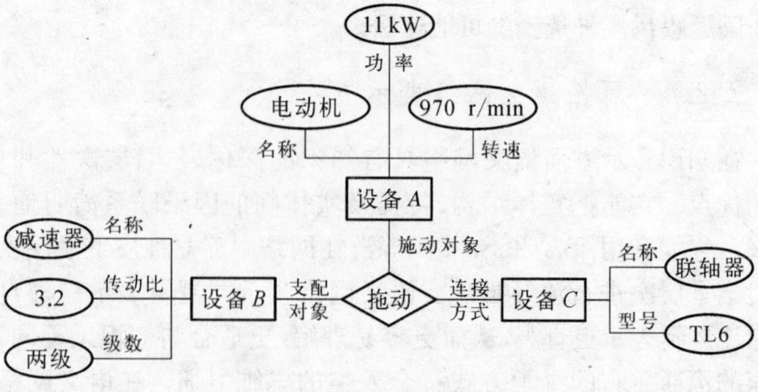

图 2.1　电机拖动方案

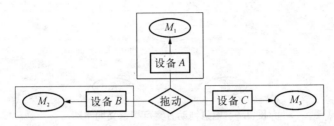

图 2.2　简化电机拖动方案

将实体设备 A,设备 B,设备 C 用物元表示,得到如图 2.3 所示的可拓语义网络。

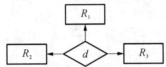

图 2.3　电机拖动方案可拓语义网络

$$I = \begin{bmatrix} 拖动, & 施动对象, & R_1 \\ & 支配对象, & R_2 \\ & 连接方式, & R_3 \end{bmatrix} = \begin{bmatrix} d, & b_1, & (N_1, M_1) \\ & b_2, & (N_2, M_2) \\ & b_3, & (N_3, M_3) \end{bmatrix}$$

$$= \begin{bmatrix} 拖动, & 施动对象, & (设备 A, M_1) \\ & 支配对象, & (设备 B, M_2) \\ & 连接方式, & (设备 C, M_3) \end{bmatrix}$$

则可以将图 2.1 改写为图 2.4,而图 2.4 又可以简化为图 2.5。

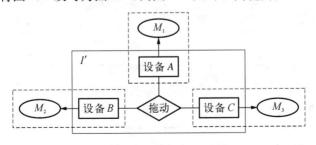

图 2.4　简化电机拖动方案图

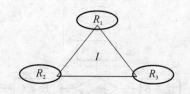

图 2.5　电机拖动方案可拓语义网络图

2.2.5　框架的可拓表示方法

　　框架在表示知识过程中自然形成一个层次,使得对知识的描述既可以很概括、抽象,又可以很具体、详细,具有很好的模块性,它为知识表示提供了一种结构化的典型模式,但是它对过程性知识的表达能力有限。

　　从可拓学的角度来看,框架可用物元来表示。例如:＜轴承＞、＜滑动轴承＞、＜推力滑动轴承＞框架分别描述了"轴承的功能,滑动轴承的应用范围以及推力滑动轴承的一些特殊性质"。

框架名:	＜轴承＞
功能:	支承部件,减少摩擦

框架名:	＜滑动轴承＞
继承:	＜轴承＞
应用范围:	高速,高精度,重载

框架名:	＜推力滑动轴承＞
继承:	＜滑动轴承＞
支承面形状:	环状
承受载荷方向:	轴向

　　由于"推力滑动轴承"是继承了"滑动轴承",而"滑动轴承"又是

继承了"轴承",因此,关于"推力滑动轴承"的全部信息可按如下框架描述:

框架名:	＜推力滑动轴承＞
功能:	支承部件,减少摩擦
应用范围:	高速,高精度,重载
支承面形状:	环状
承受载荷方向:	轴向

用物元来表示为:

$$R_a = [\text{轴承, 功能, 支承部件、减少摩擦}] = [\{N_1\}, c_1, v_1]$$

$$R_b = \begin{bmatrix} \text{滑动轴承,} & \text{继承,} & \text{轴承} \\ & \text{应用范围,} & \text{高速、高精度、重载} \end{bmatrix}$$

$$= \begin{bmatrix} \{N_2\}, & c_2, & \{N_1\} \\ & c_3, & v_3 \end{bmatrix}$$

$$R_c = \begin{bmatrix} \text{推力滑动轴承,} & \text{继承,} & \text{滑动轴承} \\ & \text{支承面形状,} & \text{环形} \\ & \text{承受载荷方向,} & \text{轴向} \end{bmatrix}$$

$$= \begin{bmatrix} \{N_3\} & c_2, & \{N_2\} \\ & c_4, & v_4 \\ & c_5, & v_5 \end{bmatrix}$$

由于 $\{N_3\} \subset \{N_2\} \subset \{N_1\}$,则框架 (d) 可以表示为

$$R_d = \begin{bmatrix} \{N_3\}, c_1, v_1 \\ c_3, v_3 \\ c_4, v_4 \\ c_5, v_5 \end{bmatrix} = \begin{bmatrix} \text{推力滑动轴承,} & \text{功能,} & \text{支承部件、减少摩擦} \\ & \text{应用范围,} & \text{高速、高精度、重载} \\ & \text{支承面形状,} & \text{环形} \\ & \text{承受载荷方向,} & \text{轴向} \end{bmatrix}$$

用基元表示方法,可以对框架进行简化,从而为处理矛盾问题提供了一种形式化表示方法。

2.3 概念设计过程的菱形思维模型方法[15]—[21]

2.3.1 引言

利用物元的可拓性,对物元进行开拓,然后利用合适的评价方法进行筛选,从而收敛成少量物元的思维方式称为菱形思维方法。菱形思维是一种先发散后收敛的思维方式。由于人们的创造性思维过程就包括发散性思维和集中性思维,所以菱形思维能很好地描述人们的创造性思维过程。建立菱形思维模型,可将人们的创造性思维形式化,以使最终用计算机模拟人的创造性思维过程成为可能。

2.3.2 菱形思维模型

2.3.2.1 单级菱形思维模型

单级菱形思维过程,其模型如图 2.6 所示,其中 $n > m$。

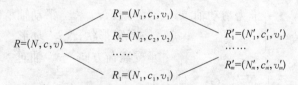

图 2.6 单级菱形思维模型图

在上述模型中发散过程即为

$$R \dashv \{R_1, R_2, \cdots, R_n\} \tag{2.23}$$

其中,符号"⊣"表示发散,它根据物元的可拓方法进行。可以利用发散树,分合链,相关网,共轭对,或综合其中若干个方法进行发散。

收敛的过程为

$$\{R_1, R_2, \cdots, R_n\} \vdash \{R'_1, R'_2, \cdots, R'_m\} \tag{2.24}$$

其中,符号"⊢"表示收敛,依据评价方法筛选发散的物元。

2.3.2.2 多级菱形思维模型

单级菱形思维方法的多级串联或并联,称为多级菱形思维方法,其模型如图 2.7 所示。

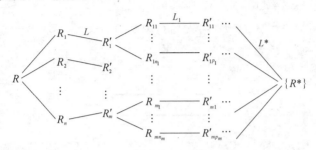

图 2.7 多级菱形思维模型图

根据产品设计过程,本文建立产品二级菱形思维模型如图 2.8 所示。其中 $n > m$, $p > m$; R 为待设计产品的物元表示,$\{R_1, R_2, \cdots, R_n\}$ 为 R 进行发散性思维得到的产品方案物元集,$\{R'_1, R'_2, \cdots, R'_m\}$ 为 $\{R_1, R_2, \cdots, R_n\}$ 采用真伪信息判别法评价收敛后得到的方案物元集,$\{R''_1, R''_2, \cdots, R''_p\}$ 为 $\{R'_1, R'_2, \cdots, R'_m\}$ 再次发散后得到的方案物元集,R^* 使用模糊意见集中法收敛后得到的最佳设计方案。

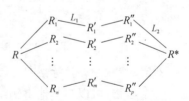

图 2.8 产品二级菱形思维模型

2.3.3 产品概念设计发散过程

2.3.3.1 发散树方法[17]—[18]

把"一物多征,一征多物,一值多物"等概括为物元的发散性。根据物元的发散性,由某一物元 $R_0 = (N_0, c_0, v_0)$,从三要素 N_0, c_0, v_0 之一或其中两个出发进行发散,可以得到多个物元,从而为人们解决问题提供多条可选路径。应用发散性解决求知和求行问题的方法称为发散树方法。

由物元的发散性,得到加工中心刀库产品 N 的一般发散树模型
如图 2.9 所示。

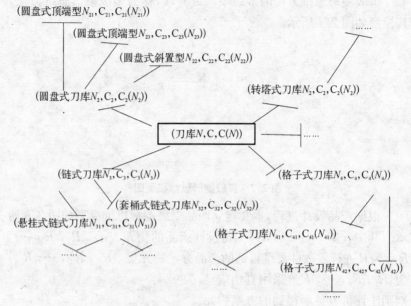

图 2.9 刀库发散树一般模型

2.3.3.2 分合链方法[19]

一个事物,可以与其他事物结合成新的事物,从而提供解决矛盾
问题的可能性。同样,一个事物也可以分解成若干新的事物,它们具
有原事物不具有的某些特征,从而也为解决矛盾问题提供可能性。
把事物可以结合分解的可能性,统称为事物的可扩性。可扩性包括
可加性、可积性和可分性。利用可扩性去解决和求行问题的方法称
为分合链方法。

在广义概念设计中,产品在功能、原理、布局、形状、结构等方面
的创新起着最主要的作用。将产品的功能,原理,布局,形状和结构
五个方面作为产品物元模型的主要特征,这些特征的量值都是用模
糊语言来定性描述的,产品的物元表示为:

$$R = (N, C, C(N)) = \begin{bmatrix} 产品\,N, & 功能\,c_1, & c_1(N) \\ & 原理\,c_2, & c_2(N) \\ & 布局\,c_3, & c_3(N) \\ & 材料\,c_4, & c_4(N) \\ & 结构\,c_5, & c_5(N) \end{bmatrix}$$

其中，$c_1(N) \in V_1$，$c_2(N) \in V_2$，$c_3(N) \in V_3$，$c_4(N) \in V_4$，$c_5(N) \in V_5$。

根据分合链方法，上述物元模型中的分层特征模型为：

$V_1 = \{$工用 $V_{11} \oplus$农用 $V_{12} \oplus$商用 $V_{13} \oplus$家用 $V_{14}\}$

$V_2 = \{$机电 $V_{21} \oplus$化学 $V_{22} \oplus$生物 $V_{23} \oplus$物理 $V_{24} \oplus$复合 $V_{25}\}$

$V_3 = \{$排列方式 $V_{31} \oplus$配置方式 $V_{32} \oplus$尺寸大小 $V_{33}\}$

$V_4 = \{$钢 $V_{41} \oplus$铸铁 $V_{42} \oplus$非铁金属 $V_{43} \oplus$粉末冶金 $V_{44} \oplus$非金属材料 $V_{45} \oplus$复合材料 $V_{46}\}$

$V_5 = \{$直接连接 $V_{51} \oplus$间接连接 $V_{52} \oplus$复合连接 $V_{53}\}$

工用 $V_{11} = \{$机床$\oplus$工具$\oplus \cdots\}$

农用 $V_{12} = \{$拖拉机$\oplus$收割机 $\cdots\}$

商用 $V_{13} = \{$轻工$\oplus$纺织$\oplus$日用品 $\cdots\}$

家用 $V_{14} = \{$电视机$\oplus$吸尘器 $\cdots\}$

机电 $V_{21} = \{$机械原理$\oplus$电气原理$\oplus$液压原理$\oplus$气动原理 $\cdots\}$

化学 $V_{22} = \{$无机化学原理$\oplus$有机化学原理 $\cdots\}$

生物 $V_{23} = \{$生物化工原理$\oplus$生物物理原理$\oplus$生物细胞学原理 $\cdots\}$

物理 $V_{24} = \{$光学原理$\oplus$声学原理$\oplus$磁学原理$\oplus$电学原理 $\cdots\}$

复合 $V_{25} = \{$各种原理的组合$\}$

排列方式 $V_{31} = \{$前后排列$\oplus$左右排列$\oplus$内外排列$\oplus$上下排列$\oplus$复合交叉$\}$

配置方式 $V_{32} = \{$卧式$\oplus$立式$\oplus$斜式$\oplus$框架式$\oplus$中央式$\oplus$复合交叉式$\}$

尺寸大小 $V_{33} = \{$巨型$\oplus$大型$\oplus$中型$\oplus$小型$\oplus$微型$\}$

钢 $V_{41} = \{$建筑及工程用钢 $V_{411} \oplus$ 制造用钢 $V_{412} \oplus$ 工具钢 $V_{413} \oplus$ 特殊性能钢 $V_{414} \oplus$ 专业用钢 $V_{415}\}$

建筑及工程用钢 $V_{411} = \{$普通碳素钢 $\oplus$ 低合金及高强度钢 $\cdots\}$

制造用钢 $V_{412} = \{$调质结构钢 $\oplus$ 表面硬化结构钢 $\oplus$ 易切削结构钢 $\oplus$ 冷塑性成形用钢 $\oplus$ 弹簧钢 $\oplus$ 轴承钢 $\cdots\}$

工具钢 $V_{413} = \{$碳素工具钢 $\oplus$ 合金工具钢 $\oplus$ 高速工具钢 $\cdots\}$

特殊性能钢 $V_{414} = \{$不锈钢 $\oplus$ 耐热钢 $\oplus$ 耐磨钢 $\oplus$ 低温用钢 $\oplus$ 电工用钢 $\cdots\}$

专业用钢 $V_{415} = \{$桥梁用钢 $\oplus$ 船舶用钢 $\oplus$ 锅炉用钢 $\oplus$ 压力容器用钢 $\cdots\}$

铸铁 $V_{42} = \{$灰铸铁 $\oplus$ 球墨铸铁 $\oplus$ 可锻铸铁$\}$

非铁金属 $V_{43} = \{$铸造合金 $\oplus$ 变形合金 $\oplus$ 硬质合金 $\oplus$ 轴承及耐磨合金 $\oplus$ 印刷合金 $\oplus$ 中间合金 $\oplus$ 焊料 $\oplus$ 金属粉末 $\cdots\}$

粉末冶金 $V_{44} = \{$结构材料 $\oplus$ 减摩材料 $\oplus$ 摩擦材料 $\oplus$ 过滤材料 $\oplus$ 热交换材料 $\oplus$ 工具材料 $\oplus$ 难熔金属及合金 $\oplus$ 耐蚀或耐热材料 $\oplus$ 电工材料 $\oplus$ 磁性材料 $\oplus$ 其他材料 $\cdots\}$

非金属材料 $V_{45} = \{$塑料 $\oplus$ 橡胶 $\oplus$ 胶粘剂 $\oplus$ 油脂 $\oplus$ 涂料 $\oplus$ 陶瓷 $\oplus$ 高温无机涂层 $\oplus$ 耐火材料 $\oplus$ 铸石 $\oplus$ 磨料 $\oplus$ 金刚石和立方氮化碳 $\oplus$ 碳及石墨材料$\}$

复合材料 $V_{46} = \{$纤维复合材料 $\oplus$ 细粒复合材料 $\oplus$ 层叠复合材料 $\oplus$ 骨架复合材料$\}$

直接连接 $V_{51} = \{$焊接连接 $\oplus$ 过盈连接 $\cdots\}$

间接连接 $V_{52} = \{$螺纹连接 $\oplus$ 键连接 $\oplus$ 销连接 $\oplus$ 花键连接 $\oplus$ 铆钉连接 $\cdots\}$

复合连接 $V_{53} = \{$直接连接和间接连接的复合$\}$

2.3.3.3 蕴含系方法[20]

若 $A@$ ，必有 $B@$ ，则称 A 蕴含 B ，记作 $A\Rightarrow B$ 。A 与 B 之间的关系称为蕴含关系。符号 @ 表示存在。若在条件 l 下，$A@$ ，必有 $B@$ ，则称在条件 l 下 A 蕴含 B ，记作 $A\Rightarrow(l)B$ ，其中，A 和 B 可以是事物、

特征、量值、物元等，且 B 称为上位元素，A 称为下位元素。

在可拓故障诊断，可以利用蕴含系方法分析加工中心刀库故障[20]。其基本步骤如下：

1. 列出目的物元 $R = \{刀库\ N, 故障, 装置\ A\}$

2. 建立初步蕴含系

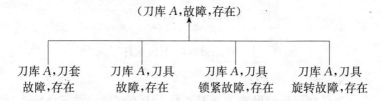

（刀库 A，故障，存在）

| 刀库 A，刀套故障，存在 | 刀库 A，刀具故障，存在 | 刀库 A，刀具锁紧故障，存在 | 刀库 A，刀具旋转故障，存在 |

3. 发展和修改蕴含系

(1)（刀库 A，刀套故障，存在）蕴含系的发展

(2)（刀库 A 中的刀套，拆卸故障，存在）蕴含系的再发展

(3)（刀库 A，刀具锁紧装置故障，存在）蕴含系的发展

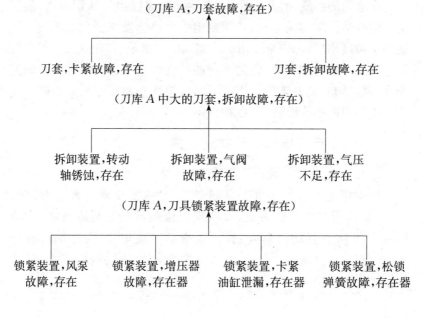

（刀库 A，刀套故障，存在）

刀套，卡紧故障，存在　　　　　　刀套，拆卸故障，存在

（刀库 A 中大的刀套，拆卸故障，存在）

拆卸装置，转动轴锈蚀，存在　　　拆卸装置，气阀故障，存在　　　拆卸装置，气压不足，存在

（刀库 A，刀具锁紧装置故障，存在）

锁紧装置，风泵故障，存在　　锁紧装置，增压器故障，存在器　　锁紧装置，卡紧油缸泄漏，存在器　　锁紧装置，松锁弹簧故障，存在器

4. (刀库 A,刀具旋转装置故障,存在)蕴含系的发展

刀库 A,刀具旋转装置故障,存在

刀库 A 中的刀具旋转装置,联轴器故障,存在

5. (刀库 A,刀具故障,存在)蕴含系的发展

(刀库 A,刀具故障,存在)

(刀库 A 中的刀具,刀具过重,存在)

2.3.3.4　其他方法

一个事物与其他事物关于某特征的量值之间,同一事物或同族事物关于某些特征的量值之间,如果存在一定的依赖关系,称之为相关。由于相关性的存在,一个事物和一族事物关于某一特征的量值的变化会导致关于别的特征的量值的变化,这种变化相互传导于一个相关网中。

从事物的物质性、系统性、动态性和对立性出发认识事物,能够更完整地描述事物的结构,更深刻地揭示事物发展变化的本质。从这四个角度出发,相应地提出了虚实、软硬、潜显、负正这四对对立的概念来描述事物的构成,称为事物的共轭性。从这八个角度去研究物元,就是物元的共轭性。作者运用共轭性与物元变换方法研究了加工中心刀库故障诊断,详见文献[20]。

2.3.4　产品概念设计收敛过程[21]

2.3.4.1　基于优度评价法的收敛方法

根据以上发散方法可以得到多种方案,需要对各种方案进行评价,从而得到最好的方案,以实现思维的收敛过程。目前,常用的收敛方法有真伪信息判别法、模糊意见集中法、可拓综合评价方法、优度评价法等[22]—[24]。可拓综合评价的流程图如图 2.10所示。

假设要设计某刀库 N，要求刀把数为 18 把，选刀时间 $\leqslant 4$ s，最大刀具长度为 220 mm，最大直径为 90 mm；最大刀具重量为 5 kg。表示为物元形式如下：

$$R_x = \begin{bmatrix} \text{刀库 }N, & \text{刀把数存储量 }c_1, & 18(\text{把}) \\ & \text{选刀时间 }c_2, & 4.0(\text{s}) \\ & \text{最大刀具长度 }c_3, & 220.0(\text{mm}) \\ & \text{最大刀具直径 }c_4, & 90.0(\text{mm}) \\ & \text{最大刀具重量 }c_5, & 5.0(\text{kg}) \end{bmatrix}$$

求所需刀库方案 N，我们由（刀库 N）这一元素，根据图 2.9 的一般发散树模式得出刀库方案域 U。$U \cong (R_1 \quad R_2 \quad R_3 \quad R_4)$。其中：

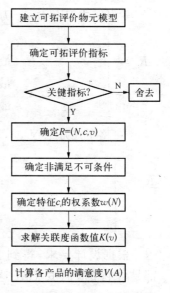

图 2.10　可拓综合评价流程图

$$R_1 = \begin{bmatrix} \text{转塔式刀库 }N_1, & \text{刀把数存储量 }c_{11}, & 7 \sim 18(\text{把}) \\ & \text{选刀时间 }c_{12}, & 1.0 \sim 4.0(\text{s}) \\ & \text{最大刀具长度 }c_{13}, & 200.0 \sim 250.0(\text{mm}) \\ & \text{最大刀具直径 }c_{14}, & 80.0 \sim 100.0(\text{mm}) \\ & \text{最大刀具重量 }c_{15}, & 4.0 \sim 6.0(\text{kg}) \end{bmatrix}$$

$$R_2 = \begin{bmatrix} \text{圆盘式刀库 }N_2, & \text{刀把数存储量 }c_{21}, & 7 \sim 60(\text{把}) \\ & \text{选刀时间 }c_{22}, & 1.0 \sim 5.0(\text{s}) \\ & \text{最大刀具长度 }c_{23}, & 200.0 \sim 250.0(\text{mm}) \\ & \text{最大刀具直径 }c_{24}, & 80.0 \sim 115.0(\text{mm}) \\ & \text{最大刀具重量 }c_{25}, & 4.0 \sim 7.0(\text{kg}) \end{bmatrix}$$

$$R_3 = \begin{bmatrix} \text{链式刀库 } N_3, & \text{刀把数存储量 } c_{31}, & 18 \sim 120(\text{把}) \\ & \text{选刀时间 } c_{32}, & 2.0 \sim 6.0(\text{s}) \\ & \text{最大刀具长度 } c_{33}, & 300.0 \sim 400.0(\text{mm}) \\ & \text{最大刀具直径 } c_{34}, & 80.0 \sim 125.0(\text{mm}) \\ & \text{最大刀具重量 } c_{35}, & 6.0 \sim 20.0(\text{kg}) \end{bmatrix}$$

$$R_4 = \begin{bmatrix} \text{格子式刀库 } N_4, & \text{刀把数存储量 } c_{41}, & 40 \sim 120(\text{把}) \\ & \text{选刀时间 } c_{42}, & 4.0 \sim 10.0(\text{s}) \\ & \text{最大刀具长度 } c_{43}, & 300.0 \sim 500.0(\text{mm}) \\ & \text{最大刀具直径 } c_{44}, & 80.0 \sim 115.0(\text{mm}) \\ & \text{最大刀具重量 } c_{45}, & 6.0 \sim 30.0(\text{kg}) \end{bmatrix}$$

根据设计要求,得到了两种方案,这两种在实际工程应用中都是可行的,但我们在这里采用优度评价法选取一种更优的方案。

1. 确定衡量条件

在上述的刀库方案设计过程中,将刀把数存储量 c_1、选刀时间 c_2、最大刀具直径 c_3、最大刀具长度 c_4、最大刀具重量 c_5 等因素作为衡量条件,得衡量条件集:

$$M = \{(c_1, V_1) \quad (c_2, V_2) \quad (c_3, V_3) \quad (c_4, V_4) \quad (c_5, V_5)\}$$

其中,Vi 为量值域。

2. 确定权系数

采用层次分析法[25],根据各条件在刀库设计中的重要程度的差别,确定它们两两因素之间的相互比率,使用 1—9 比率标度法,即使用 1,3,5,7,9 或 1,1/3,1/5。1/7,1/9 来表示某因素相对于另一因素的重要程度。"1"表示两两因素具有同样重要程度,"3"其中一个稍微重要,"5"表示其中一个明显更重要,"7"表示其中一个非常重要,"9"表示其中一个极端重要;若因素甲比因素乙重要标度为 i,则乙比甲为 $1/i$。采用层次分析法构造出判别矩阵 H:

$$H = \begin{array}{ccccc} c1 & c2 & c3 & c4 & c5 \end{array}$$

$$H = \begin{bmatrix} 1 & 1 & 5 & 7 & 5 \\ 1 & 1 & 3 & 5 & 3 \\ 1/5 & 1/3 & 1 & 3 & 1 \\ 1/7 & 1/5 & 1/3 & 1 & 1/3 \\ 1/5 & 1/3 & 1 & 3 & 1 \end{bmatrix}$$

采用层次分析法中的和积法求得 α：

$\alpha = (0.415\,651\,72,\ 0.317\,179\,74,\ 0.109\,274\,78,\ 0.048\,618\,99,\ 0.109\,274\,78)$

3. 建立关联函数,计算合格度并规范化

关于 V_i（用一个区间用 $X_{0i} = [a,b]$ 表示）的关联函数为：

$$K_i(x) = \frac{\rho(x,\ X_{0i})}{|X_{0i}|} = \frac{(b-a)/2 - |x - (b+a)/2|}{|b-a|}$$

得：

$$K_{c1}(N_1) = \frac{(18-7)/2 - |18 - (7+18)/2|}{|18-7|} = 0$$

同理可得：

$$K_{c1} = (K_{c1}(N_1),\ K_{c1}(N_2)) = (0,\ 0.207\,547);$$
$$K_{c2} = (K_{c2}(N_1),\ K_{c2}(N_2)) = (0,\ 0.25);$$
$$K_{c3} = (K_{c3}(N_1),\ K_{c3}(N_2)) = (0.4,\ 0.4);$$
$$K_{c4} = (K_{c4}(N_1),\ K_{c4}(N_2)) = (0.5,\ 0.285\,714);$$
$$K_{c5} = K_{c5}(N_1),K_{c5}(N_2)) = (0.5,\ 0.333\,333)。$$

规范化公式为：

$$k_{ij} = \begin{cases} \dfrac{K_i(N_j)}{\max\limits_{x \in X_0} K_i(x)}, & K_i(N_j) > 0 \\[4mm] \dfrac{K_i(N_j)}{\max\limits_{x \notin X_0} |K_i(x)|}, & K_i(N_j) < 0 \end{cases} \qquad (i = 1, 2, \cdots, n;\ j = 1, 2, \cdots, q)$$

则规范化后得到：

$$K_{c1} = (0,1);\ K_{c2} = (0,1);\ K_{c3} = (1,1);$$
$$K_{c4} = (1,\ 0.571\,428);K_{c5} = (1,\ 0.666\,666)。$$

4. 计算优度

对象 N_j 关于衡量条件 M 的规范合格度为：

$$K(N_1) = (0,\ 0,\ 1,\ 1,\ 1)^T$$
$$K(N_2) = (1,\ 1,\ 1,\ 0.571\,428,\ 0.666\,666)^T$$

故对象 N_j 的优度为：

$$C(N_1) = \alpha K(N_1) = 0.267\,168\,55。$$
$$C(N_2) = \alpha K(N_2) = 0.942\,738。$$

由于 $C(N_2) > C(N_1)$，因此物元 R_2 为所求的物元。

因此确定圆盘式刀库为所求的刀库方案。

2.3.4.2 真伪信息判别方法

在搜索和诊断等过程中，人们会得到各种各样的信息，这些信息可以用物元表示。但在这些信息中，有的信息是真的，有的信息是假的，如何鉴别一个物元的真伪，就成为判断过程中必须考虑的问题。

1. 一维物元真伪的判别

(1) 给定物元 $R = (N,\ c,\ v)$，若 N 为存在事物，且 $c(N) = v$，称 R 为真物元，记作 $R@$。若 N 为期望事物，或 $c(N) \neq v$，称 R 为伪物元，记作 $R\overline{@}$。

(2) 给定物元 $R(t) = (N(t),\ c,\ v)$，若对于时刻 t_0，$N(t_0)$ 存在，且 $c(N(t_0)) = v$，称 $R(t)$ 在 $t = t_0$ 时为真物元。若对于 t_1，$c(N(t_1)) \neq v$，称 $R(t)$ 在 $t = t_1$ 时为伪物元。

(3) 给定量值域 V_0 和物元 $R = (N,\ c,\ v)$，以 V_0 为正域建立可拓集合 $\widetilde{V}_0$，称 $K_{\widetilde{V}_0(v)}$ 为物元 R 的真伪度。若 N 为存在事物，当 $K_{\widetilde{V}_0(v)} > 0$

时，称 R 为真物元。当 $K_{\widetilde{V}_0(v)} < 0$ 时，称 R 为伪物元。当 $K_{\widetilde{V}_0(v)} = 0$ 时，R 为既真又伪物元。

2. 多维物元真伪的判别

(1) 给定物元

$$R = \begin{bmatrix} N, & c_1, & v_1 \\ & c_2, & v_2 \\ & \vdots & \\ & c_n, & v_n \end{bmatrix}$$

若对一切 $i = 1, 2, \cdots, n, c_i(N) = v_i$，则称 R 为真物元；若有某一 $i_0 \in \{1, 2, \cdots, n\}$，使 $c_{i_0}(N) \neq v_{i_0}$，则称 R 为伪物元。

(2) 给定物元

$$R(t) = \begin{bmatrix} N(t), & c_1, & v_1 \\ & c_2, & v_2 \\ & \vdots & \\ & c_n, & v_n \end{bmatrix}$$

若当 $t = t_0$ 时，对一切 $i = 1, 2, \cdots, n$，有 $c_i(N(t_0)) = v_i$，则称 $R(t_0)$ 是真物元。

若当 $t = t_1$ 时，有一个 $i_0 \in \{1, 2, \cdots, n\}$ 使 $c_{i_0}(N(t_1)) \neq v_{i_0}$，则称 $R(t_1)$ 是伪物元。

(3) 给定物元

$$R = \begin{bmatrix} N, & c_1, & v_1 \\ & c_2, & v_2 \\ & \vdots & \\ & c_n, & v_n \end{bmatrix}$$

和各量值的量值域 $V_{0i}(i = 1, 2, \cdots, n)$，称 $K(R) = \min_{1 \leqslant i \leqslant n} K_i(v_i)$ 为多维物元 R 的真伪度，其中 $K_i(v_i)$ 为分物元 R_i 关于 V_{0i} 的真伪度。

2.3.4.3　模糊意见集中法

现介绍评分法,若要对论域 $U = \{u_1, u_2, \cdots, u_n\}$ 中的元素进行排序,如果另有一个团体 X,X 内成员个数为 m,X 中每个成员将 U 中元素排成线性序(或预序、偏序、线性预序等),称为意见,于是有 m 种意见,现研究如何将这 m 种意见集中成一个意见。

所谓评分法,是指:设 $U = \{u_1, u_2, \cdots, u_n\}$,$L_i$ 是 U 中的一个线性序,令 $x \in U$,$B_i(x)$ 表示在序 L_i 中后于 x 的元素个数,如果序有 m 个:L_1,L_2,$\cdots$,L_m,令: $B(x) = \sum_{i=1}^{m} B_i(x)$,$B(x)$ 称为 x 的 Borda 数。U 中的元素按 Borda 数的大小就可以得到一个新的排序。一般地说,x 是在 L_i 中是第 k 名,则 $B_i(x) = n - k$。因此 $B_i(x)$ 可看成 x 在序 L_i 中的得分。Borda 数 $B(x)$ 就是 x 在各个序 L_1,L_2,$\cdots$,L_m 中得分数总和。

赋权 Borda 数为 $\widetilde{B}(x) = \sum_{i=1}^{m} \alpha_i B_i(x)$,其中 α_i 为赋予 L_i 的权重。

比较 U 中的元素 Borda 数 $B(x)$ 值的大小,就可以得出 U 中元素的优劣排序。

2.3.5　基于菱形思维模型的刀库概念设计[15]—[16]

2.3.5.1　刀库的菱形思维模型

现设计一加工中心刀库;设计要求:刀库容量一般;结构不复杂;转动惯量适中;选刀时间越短越好;灵活性可以是一般、较灵活、灵活。假设机床主轴的布局形式可以是任意的。在加工中心刀库方案设计过程中刀库的容量、转动惯量、选刀时间、刀库结构及其灵活性等因素起着主要的作用,因此在设计过程中着重考虑这几个因素,可将刀库的容量、转动惯量、选刀时间、刀库结构及灵活性作为刀库物元模型的特征,这些特征的量值都是用模糊语言来定性描述的。

根据加工中心刀库设计要求,本文建立刀库二级菱形思维模型如图 2.8 所示。其中,R 为待设计刀库的物元表示,$\langle R_1, R_2, \cdots, R_n \rangle$ 为 R 进行发散性思维得到的刀库方案物元集,$\langle R'_1, R'_2, \cdots, R'_m \rangle$

为$\{R_1, R_2, \cdots, R_n\}$采用真伪信息判别法评价收敛后得到的方案物元集,$\{R'_1, R'_2, \cdots, R'_p\}$为$\{R'_1, R'_2, \cdots, R'_m\}$再次发散后得到的方案物元集,$R^*$为$\{R''_1, R''_2, \cdots, R''_p\}$使用模糊意见集中法收敛后得到的最佳设计方案;$L_1$和$L_2$分别为真伪信息判别法和模糊意见集中法两种评价方法。

将待设计刀库用物元表示为:

$$R = (N, C, C(N)) = \begin{bmatrix} 刀库\ N, & 容量\ c_1, & 一般 \\ & 转动惯量\ c_2, & 中 \\ & 选刀时间\ c_3, & c_3(N) \\ & 结构\ c_4, & c_4(N) \\ & 灵活性\ c_5, & c_5(N) \end{bmatrix}$$

其中,$c_3(N) \in V'_3$,$c_4(N) \in V'_4$,$c_5(N) \in V'_5$,$V'_3 = \{一般,较短,短\}$,$V'_4 = \{一般,较简单,简单\}$,$V'_5 = \{一般,较灵活,灵活\}$。

2.3.5.2 刀库物元的发散

根据刀库的工作原理、布局、换刀方式等要求,利用物元的发散树方法得出如下刀库物元:

$$R_1 = \begin{bmatrix} 单鼓轮式刀库\ N_1, & 容量\ c_1, & 一般 \\ & 转动惯量\ c_2, & 中 \\ & 选刀时间\ c_3, & c_3(N_1) \\ & 结构\ c_4, & c_4(N_1) \\ & 灵活性\ c_5, & c_5(N_1) \end{bmatrix}$$

其中,$c_3(N_1) \in V'_3$,$c_4(N_1) \in V'_4$,$c_5(N_1) \in V'_5$。

$$R_2 = \begin{bmatrix} 刺猬式刀库\ N_2, & 容量\ c_1, & 一般 \\ & 转动惯量\ c_2, & 中 \\ & 选刀时间\ c_3, & c_3(N_2) \\ & 结构\ c_4, & c_4(N_2) \\ & 灵活性\ c_5, & c_5(N_2) \end{bmatrix}$$

其中，$c_3(N_2) \in V'_3$，$c_4(N_2) \in V'_4$，$c_5(N_2) \in V'_5$。

$$R_3 = \begin{bmatrix} 链式刀库\ N_3, & 容量\ c_1, & 一般 \\ & 转动惯量\ c_2, & 中 \\ & 选刀时间\ c_3, & c_3(N_3) \\ & 结构\ c_4, & c_4(N_3) \\ & 灵活性\ c_5, & c_5(N_3) \end{bmatrix}$$

其中，$c_3(N_3) \in V'_3$，$c_4(N_3) \in V'_4$，$c_5(N_3) \in V'_5$。

$$R_4 = \begin{bmatrix} 多排链式刀库\ N_4, & 容量\ c_1, & 一般 \\ & 转动惯量\ c_2, & 中 \\ & 选刀时间\ c_3, & c_3(N_4) \\ & 结构\ c_4, & c_4(N_4) \\ & 灵活性\ c_5, & c_5(N_4) \end{bmatrix}$$

其中，$c_3(N_4) \in V'_3$，$c_4(N_4) \in V'_4$，$c_5(N_4) \in V'_5$。

2.3.5.3 基于真伪信息判别的收敛方法

物元信息优劣真伪的判断，是选择决策的依据，是收敛思维的重要手段。

给定多维物元：

$$R = \begin{bmatrix} N, & c_1, & v_1 \\ & c_2, & v_2 \\ & \vdots & \vdots \\ & c_n & v_n \end{bmatrix} \tag{2.25}$$

对于式（2.25）给定的多维物元，若对一切 $i = 1, 2, \cdots, n$，$c_i(N) = v_i$，则称 R 为真物元，记作 $R@$；若有某一 $i_0 \in \{1, 2, \cdots, n\}$，使 $c_{i_0}(N) \neq v_{i_0}$，则称 R 为伪物元，记作 $R\overline{@}$。给定物元和各量值的量值域 $V_{0i}(i = 1, 2, \cdots, n)$，称

$$K(R) = \min_{1 \leqslant i \leqslant n} K_i(v_i) \qquad (2.26)$$

为多维物元 R 的真伪度,其中 $K_i(v_i)$ 为分物元 R_i 关于 V_{0i} 的真伪度。

运用物元真伪信息判别方法对上述发散过程进行收敛。对于刺猬式刀库来说,其结构十分紧凑,刀库容量大,且刺猬式刀库选刀和取刀的动作较复杂,选刀时间较长,而 N_2 的容量为"一般",选刀时间为 $c_3(N_2) \in V'_3$,与实际不符,所以,根据多维物元真伪判别法知 R_2 为伪物元。对于链式刀库来说,其容量较大,而 R_3 中 N_3 容量特征的量值为"一般",与实际不符,所以 R_3 为伪物元。对于多排链式刀库,其容量大,且结构复杂,而 N_4 的容量特征为"一般",结构特征为 $c_4(N_4) \in V'_4$,与实际不符,所以 R_4 也为伪物元。这样经过一次收敛后得到物元 R'_1。

$$R'_1 = \begin{bmatrix} 单鼓轮式刀库 N_1, & 容量 c_1, & 一般 \\ & 转动惯量 c_2, & 中 \\ & 选刀时间 c_3, & c_3(N_1) \\ & 结构 c_4, & c_4(N_1) \\ & 灵活性 c_5, & c_5(N_1) \end{bmatrix}$$

2.3.5.4 刀库物元的再发散

现在再次进行刀库物元发散性思维:对于单鼓轮式刀库,按其刀具轴线的不同方向配置,即刀具轴线与鼓轮轴线有平行、垂直、斜向三种形式,将单鼓轮式刀库又分为三种形式:即单鼓轮式,刀具轴线与鼓轮轴线平行型刀库 N_{11};单鼓轮式,刀具轴线与鼓轮轴线垂直型刀库 N_{12};单鼓轮式,刀具轴线与鼓轮轴线斜向型刀库 N_{13}。这样经过发散设计后就得到如下刀库物元:

$$R''_1 = \begin{bmatrix} 单鼓轮式刀库 N_{11}, & 容量 c_1, & 一般 \\ & 转动惯量 c_2, & 中 \\ & 选刀时间 c_3, & c_3(N_{11}) \\ & 结构 c_4, & c_4(N_{11}) \\ & 灵活性 c_5, & c_5(N_{11}) \end{bmatrix}$$

其中，$c_3(N_{11}) \in V'_3$，$c_4(N_{11}) \in V'_4$，$c_5(N_{11}) \in V'_5$。

$$R''_2 = \begin{bmatrix} 单鼓轮式刀库 N_{12}, & 容量 c_1, & 一般 \\ & 转动惯量 c_2, & 中 \\ & 选刀时间 c_3, & c_3(N_{12}) \\ & 结构 c_4, & c_4(N_{12}) \\ & 灵活性 c_5, & c_5(N_{12}) \end{bmatrix}$$

其中，$c_3(N_{12}) \in V'_3$，$c_4(N_{12}) \in V'_4$，$c_5(N_{12}) \in V'_5$。

$$R''_3 = \begin{bmatrix} 单鼓轮式刀库 N_{13}, & 容量 c_1, & 一般 \\ & 转动惯量 c_2, & 中 \\ & 选刀时间 c_3, & c_3(N_{13}) \\ & 结构 c_4, & c_4(N_{13}) \\ & 灵活性 c_5, & c_5(N_{13}) \end{bmatrix}$$

其中，$c_3(N_{13}) \in V'_3$，$c_4(N_{13}) \in V'_4$，$c_5(N_{13}) \in V'_5$。

2.3.5.5 基于模糊意见集中法的再收敛方法

对于上面发散出的刀库物元 R''_1，R''_2，R''_3，可以看作是三种加工中心刀库设计方案。即方案 A_1：单鼓轮式，刀具轴线与鼓轮轴线平行型刀库；方案 A_2：单鼓轮式，刀具轴线与鼓轮轴线垂直型刀库；方案 A_3：单鼓轮式，刀具轴线与鼓轮轴线斜向型刀库。这三种方案构成论域 U，即 $U = \{A_1, A_2, A_3\}$。刀库物元的特征集合可以看作是评判因素（意见）集合（团体）V，即 $V = \{刀库容量，转动惯量，选刀时间，结构，灵活性\}$。对于刀库容量，容量优劣排序依次为大、较大、一般、较小、小；对于刀库的转动惯量，优劣排序依次为小、较小、中、较大、大；对于选刀时间，优劣排序依次为短、较短、一般、较长、长；对于刀库结构，优劣排序依次为简单、较简单、一般、较复杂、复杂；对于灵活性，优劣排序依次为灵活、较灵活、一般、较笨重、笨重。

若目前设计最关心刀库的容量大小及结构复杂程度，对各指标赋以权重

$$\alpha = (0.35, 0.10, 0.10, 0.35, 0.10)$$

由刀库容量,对各方案的优劣排序为 $(A_1、A_2、A_3)$。

由转动惯量,对各方案的优劣排序为 $(A_1、A_2、A_3)$。

由选刀时间,对各方案的优劣排序为 $A_1、A_3、A_2$。

由刀库结构,对各方案的优劣排序为 $A_3、A_1、A_2$。

由灵活性,对各方案的优劣排序为 $A_3、(A_1、A_2)$。

其中,括号中的各设计方案的优劣次序相同。

方案 A_1 的 Borda 数为 $\tilde{B}(A_1) = 0.55$;方案 A_2 的 Borda 数为 $\tilde{B}(A_2) = 0$;方案 A_3 的 Borda 数为 $\tilde{B}(A_3) = 0.90$;故方案 A_3 最佳。

2.4 加工中心刀库可拓概念设计系统 MCACD‐1 的实现[15]—[21]

2.4.1 系统总体结构

应用发散树方法和优度评价法,选择 AutoCAD2000 绘图环境,采用 AutoLisp 语言开发可拓概念设计系统 MCACD‐1,如图 2.11

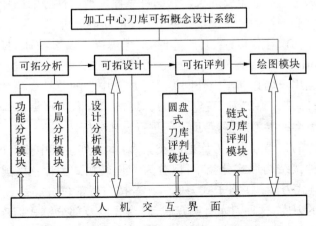

图 2.11 加工中心刀库可拓概念设计系统构成

所示。该系统包含分析模块、设计模块、评判模块和绘图模块等四大模块,各大模块又分为若干子模块。

MCACD－1可实现的功能包括:功能分析模块对刀库的功能作一些定性的分析。布局分析模块从刀库的适用范围和放置位置两方面考虑,分析出特定条件下的可用刀库。设计分析模块给出了在设计刀库时应考虑的因素和注意事项。设计模块根据用户输入的参数评判出可用的刀库方案,并由绘图模块进行参数化绘图。评判模块其实是对设计模块的补充,由于圆盘式刀库和链式刀库的种类较多,约束因数也多,因此作此模块,根据用户输入参数决定选取何种刀库。

2.4.2 系统详细说明及实现

2.4.2.1 刀库分析子模块

机械产品概念设计可从功能、原理、约束、布局、结构等方面进行分析。对于刀库仅从功能、设计、布局三方面进行分析[26]。

刀库的功能分析:刀库的功能是储存加工工序所需的各种刀具,并且按程序指令,把即将要用的刀具迅速、准确地送到换刀位置,并接受从主轴送来的已用工具。刀库的功能相当明确,同时也决定了刀库在加工中心的重要地位。它的可靠性、准确性等的好坏直接影响加工中心的性能。本模块提供了刀库的功能分析。

刀库的设计分析:设计刀库时,应考虑以下因素:① 刀库容量、② 换刀时间、③ 刀具最大直径、④ 刀具最大长度、⑤ 刀具最大重量。一般根据用户调查和国内外同类型号加工中心的刀具规格和刀具容量的统计结果,确定刀库容量和刀具规格。本模块收集了典型的几种刀库方案的参考数据,帮助人们进行设计分析。

刀库的布局分析:刀库的种类繁多,本文列出其中典型的几种。将这几种按结构形式分类,可以分为:① 转塔式刀库;② 圆盘式刀库;③ 链式刀库;④ 格子式刀库等。若按布置部位分类:① 设置在机床上的刀库,这种刀库有圆盘式、转塔式以及部分链式刀库;② 落地式刀库,这种刀库有链式和格子式刀库。对于落地式刀库,因为刀库重量是由地基承受,且不把刀库运转中的振动传给主机,故对加工精度有利,但最初安装调试比较麻烦。本系统提供了典型几种刀库类型的布局分析。表 2.1 列出了各种刀库类型的应用范围和放置部位。

表 2.1 各种刀库类型的应用范围和放置部位

刀库类型	应用范围	放置部位
转塔式刀库	立式加工中心	机床上
圆盘式刀库	立式或卧式加工中心	机床上
链式刀库	立式或卧式加工中心	机床上或落地式
格子式刀库	卧式加工中心	落地式

2.4.2.2 刀库设计子模块

该模块提供刀库方案的设计功能,其界面如图 2.12 所示。左边为图像区,主要是供用户浏览不同类型的刀库的图形,用户可从弹出式列表框中选出一项,即可在图像控件中看到其结构。右边为用户参数输入区,输入一个参数后,按一下同一行的按钮便能得出一个结论,告诉用户可选的刀库类型。从该模块右半部分的设计参数输入

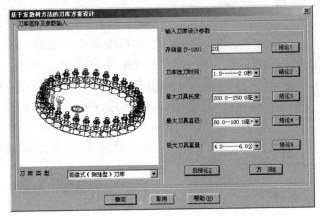

图 2.12 刀库方案设计人机交互界面

框中选择相应的数据,按一下"总结论"按钮,计算机按模糊物元评价技术运算得出最佳刀库方案。该子模块可以根据用户输入的刀库存储量和刀库类型在 AutoCAD2000 环境下自动绘出用户所需刀库的 3D 图形。图 2.13 为该模块设计出来的其中一个例子。

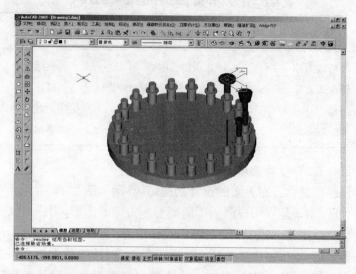

图 2.13　刀库方案设计实例

图 2.14　链式刀库方案评价结论

2.4.2.3　刀库评价子模块

评判模块能完成加工中心刀库方案可拓优度评价的功能。其界面如图 2.15 所示。用户可以在比率标度输入区选择相应比率,按"结论"按钮,即可算出各种类型刀库的优度值,其中优度值计算结果如图2.14所示。

2.4.2.4　刀库图形库子模块

该模块提供 9 种具体的刀库方案示意图,如图 2.16 所示。

图 2.15 刀库方案评价人机交互界面

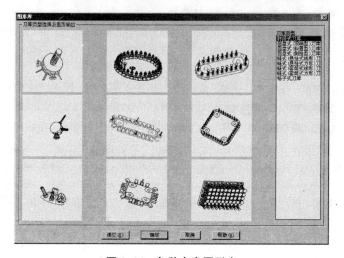

图 2.16 各种方案图形库

2.5 本章小结

　　本章在简要介绍可拓学基本理论的基础上,研究了谓词、产生式、语义网络、框架等可拓知识表示方法;建立了定性(基元可拓性等)与定量(关联函数等)相结合的可拓知识表达模型;利用发散树、分合链、相关网、共轭对、蕴含系等可拓方法,表达概念设计知识,将菱形思维引入到概念设计中,提出概念设计过程的多级菱形思维模型;详细分析了菱形思维的发散与收敛过程,提出采用真伪信息判别法、模糊意见集中法和可拓综合评判等方法进行收敛性设计。基于本章提出的方法开发了刀库可拓概念设计系统,验证了该方法的可行性和有效性。

参 考 文 献

[1] 蔡文,杨春燕,林伟初. 可拓工程方法. 北京:科学出版社,1997

[2] 蔡文,杨春燕,何斌. 可拓逻辑初步. 北京:科学出版社,2003

[3] 蔡文. 可拓学理论及其应用. 中国科学通报,1999,44(7):673~682

[4] 李和平. 可拓学的哲学思考. 系统工程理论与实践,1998,18(2):118~120

[5] 杨春燕,张拥军,蔡文. 可拓集合及其应用研究. 数学的实践与认识,2002,32(2):302~308

[6] 蔡文,杨春燕,王光华. 一门新的交叉学科——可拓学. 中国科学基金,2004,5:268~272

[7] Cai Wen, Yang Chunyan, Zhang Yongjun, at al. Study on extension strategy-tactics-planning. Engineering Sciences,2004,2(2):88~93

[8] 蔡文,杨春燕,何斌. 可拓学基础理论研究的新进展. 中国工程科学,2003,2:81~87

[9] http://web. gdut. edu. cn/~extenics/

[10] 蔡文. 物元模型及其应用. 北京:科学技术文献出版社,1994

[11] 杨春燕. 事元及其应用. 系统工程理论与实践,1998,18(2):80~86

[12] 贾文新. 可拓集合与关联函数. 华北水利水电学院学报,1997,18(4):63~65

[13] 王永庆. 人工智能原理与方法. 西安:西安交通大学出版社,2001

[14] 蔡自兴,徐光祐. 人工智能及其应用. 北京:清华大学出版社,1996

[15] Zhao Yanwei, Wang Wanliang, Zhang Guoxian. The Rhombus-Thinking

Method And Its Application In Scheme Design. CHINESE JOURNAL OF MECHANICAL ENGINEERING

[16] 赵燕伟. 基于多级菱形思维模型的方案设计新方法. 中国机械工程，2000，6：684～686

[17] Zhao Y. W. Zhang G. X. Conceptual Design Based On the Divergent Tree Method for Tool Storage，Key Engineering Materials，2004，Vols. 259－260，2004 Trans Tech Publications，Switzerland

[18] 赵燕伟，金方顺，王万良等. 基于发散树思维方法的刀库概念设计. 广东工业大学学报，2001，18(1)：11～16

[19] Zhao Yanwei. Study of Computer Aided Conceptual Design Based On Rhombus Thought Method，The 3th World Congress on Intelligent Control and Automation，2000，Hefei，China，355～358

[20] 赵燕伟，张国贤. 可拓故障诊断思维方法. 机械工程学报，2001，No. 9，39～43

[21] 赵燕伟，王正初，张国贤. 基于关联度函数的可拓综合评价应用研究. 中国人工智能进展 2003，北京：北京科学技术出版社，2003，1154～1159

[22] 高洁，戴建新，王雪红. 可拓决策方法综述. 系统工程理论方法应用，2004，13(3)：264～271

[23] 张丽霞，施国庆. 物元模型在城市化综合评价中的应用. 河海大学学报，2004，32(3)：349～353

[24] 李仁旺，彭卫平，顾新建等. 可拓学中优度评价方法在变型设计中的应用研究. 计算机集成制造系统-CIMS，2001，7(4)：48～51

[25] 赵焕臣. 层次分析法. 北京：科学出版社，1986

[26] 廉元国，张永宏. 加工中心设计与应用. 北京：机械工业出版社，1995

第3章 概念设计的可拓
实例推理方法

3.1 引言

概念设计具有明显的创造性,多解性,层次性,近似性,经验性和综合性特点,是一个复杂的决策过程[1]—[4]。因此,决策推理技术是计算机辅助概念设计过程中最重要的技术。

实例推理(Case based reasoning,CBR)技术是近年来概念设计中一种重要的推理方法[5]—[7]。CBR之所以成功地引入设计领域更主要的原因在于概念设计过程与CBR过程的相似性,Chandrasekaran的文章有力地说明了设计过程与CBR过程的对应关系以及采用CBR解决设计问题的合理性[8][9]。CBR概念设计方法克服了传统的基于规则专家系统的缺陷,更符合工程设计的模式[10]。尽管CBR方法更符合人类解决问题的一般认知过程,且克服了其他智能系统知识获取的"瓶颈"问题,但CBR一方面需大量良好的设计实例才能维持其工作[11][12],更为重要的是常规CBR难以同时描述定量和定性两方面知识。

本章采用信息物元表示实例知识,从定量和定性两方面描述实例的特性,通过对设计信息物元以及物元关系的处理,提出可拓实例推理(Extension Case Based Reasoning, ECBR)方法,使未知问题转换为已知问题,利用物元的可拓特性[13][14],有效地拓展或收敛解的空间域。该方法不仅具有模块化和联想存储能力,而且其知识表示具有"动态"与"可分"性[15]。

3.2 概念设计的可拓实例知识表示

3.2.1 实例知识的可拓信息物元网络

知识表示的能力直接影响到知识获取的能力和推理效率,对于 CBR 来说,虽然缓解了知识获取的瓶颈问题,但是在解决专家知识之间存在矛盾性和不相容性等问题上仍没有有效的办法[16]。针对设计知识的异构性,以往类似的设计型 CBR 往往采用多种智能方法的混合,如基于神经网络—专家系统的集成知识表示模型[17]、专家系统—实例推理—神经网络的异构知识求解模型[18]等。功能要求是推出已有设计实例的关键线索。它是人们按使用目的提出的一种抽象概念,具有主观性。它来自各种不同方面的一系列要求。语义网络是描述知识间结构关系的有力工具,能够将这些要求有机地联系起来。它明确地表达事务间复杂的语义关系,如:分类关系可详细描述某设计单元的类属关系,聚集关系可描述某设计单元的主要组成部分,推论关系、时间关系、位置关系可用来描述某设计单元应具有的功能等。因此可以选择语义网络作为计算机内部的设计功能要求描述。由于使用语义网络来表示设计单元的功能要求,CBR 中的查找类似实例的工作将转变为语义网络的类比匹配、识别问题。因此,采用可拓信息物元网络图可以实现概念设计的功能表示。在可拓工程方法中就通过构造功能物元系统图,利用功能驱动来实现产品的设计。图 3.1 给出的是主功能物元线[13]。

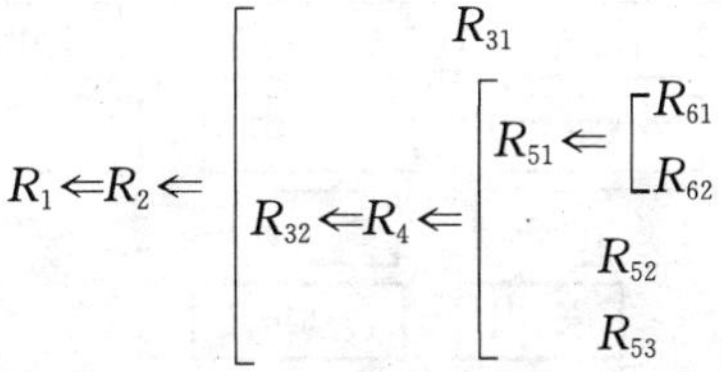

$$R_1 \Leftarrow R_2 \Leftarrow \begin{bmatrix} & & & R_{31} \\ & & R_{51} \Leftarrow \begin{bmatrix} R_{61} \\ R_{62} \end{bmatrix} \\ R_{32} \Leftarrow R_4 \Leftarrow & R_{52} \\ & & R_{53} \end{bmatrix}$$

图 3.1 功能物元表示图

该功能物元表示形式过于单一,仅考虑了物元的蕴涵、发散关系,对于一个机械产品的设计而言,这是不够的,有必要引入可拓相关性表示设计中涉及的规则与约束问题。

在 CBR 型概念设计系统中,方案是设计知识的载体。设计方案的表示是建立 CBR 型设计系统不可回避的一个问题。采用面向对象的知识表示法可直接将设计对象物元的结构组成逐层描述出来。这种表示法有助于理解一个实际物体的结构组成成分,但没有表示出逐层结构中每一子结构所能完成的功能。这种表示提供的知识量不足,需要大量的背景知识去做功能理解的工作。在现阶段不可能提供这样的知识,而且功能理解本身也是很难解决的问题。为此,采用加权有向弧来求得每一部分的变动对设计实例的整体行为的影响。这种表示方式有助于评价修改工作对整体功能的影响。

仍以减速器为例来讨论概念设计可拓信息物元表示。减速器概念设计的语义网络表示如图 3.2 所示。

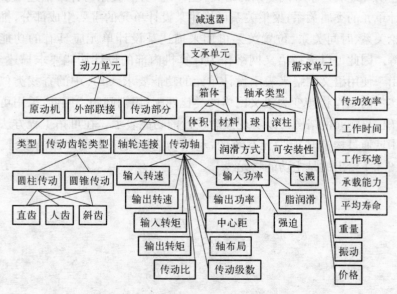

图 3.2 减速器功能分析语义网络图

将语义网络图转化为可拓物元网络如图 3.3。其中，将物元特征用
"○"表示；物元间的蕴含关系用"⇒"表示；发散关系用"ㅓ"表示；关联规
则与约束用"↔"表示。可以看出，可拓网络图将不同表示方法的知识结
合在一起。某些规则或约束条件关联到两个或两个以上的信息物元，则
用"↔"表示该物元结点存在着某种规则，这种表现形式在可拓网络图中
可以很好地得到体现。比如，单级传动时中心距和传动比就存在一定的
约束，一般中心距如果在 80～560 之间，传动比就要求在 2.3～5.6 之间。

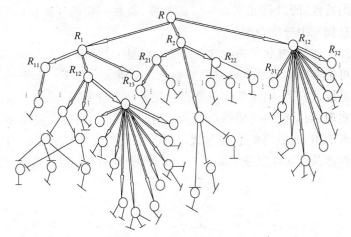

图 3.3　减速器功能可拓信息元网络图

3.2.2　可拓实例推理模型分析与简化

传统的实例表示方式 $CASE$ ＝（问题，解答）＝（P，S），是一种静
态的实例表示方法。用户必须按要求一步到位的输入问题 P，否则就
不会得出满意的解答 S。但是鉴于人的思维带有很大的引导性，需要
给用户逐步思考的空间[19]。

完成由 P 到 S 的解答，S 可以拓展为大量的物元信息的语义网
络，P 则作为其中的局部物元受到触发，从而完成实例方案的激
活[20]。但是，如果从相近物元信息的触发入手，最后的实例结果也是

收敛一致的。此处 P 的拓展需要人的参与，于是可拓 CBR 可以理解为一个使 CBR 设计系统更具柔性的智能决策工具。

要从现有的实例库中找出有效的解答，必须要进行由 P 到 S 的推理活动，而这些推理活动已不同于已有的实例推理方法。鉴于物元信息的网状结构，采用类神经网络的激励推理算法，在神经网络中将神经元作为信息的输入载体，通过神经元的触发得到有效的输出。在本研究中，用可拓物元代替神经元的功能，不过可拓物元还具备了可拓的特性，所以物元需要一定的激励，通过相应的算法，从问题 P 的信息物元中导出合理的 S。

3.2.2.1 可拓实例推理概念映射模型

可拓实例推理概念映射模型如图 3.4 所示。对于一个未知的机械产品设计方案，给定条件包括设计任务和设计要求，其中的核心是功能实现，而功能的物质承担者是结构，其中同一功能可以由不同的结构来承担，而最终的表现形式用可拓信息物元加以表示。对于评价过程涉及的属性以及无需进一步分解的指标或功能单元也对应一

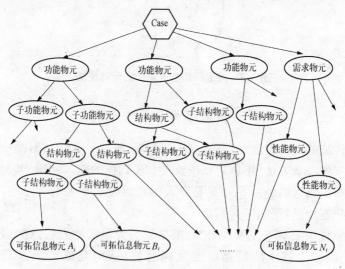

图 3.4　基于可拓实例推理的概念设计映射模型

定的信息物元。

3.2.2.2 模块化设计与可拓实例推理

产品的概念设计活动是一个复杂的关联活动,无论是 Top—Down 还是 Bottom—Up 的设计方法,产品都可以划分为零件层、部件层和装配层。根据模块化设计可将产品划分为标准单元。但模块化设计并非标准模块的简单堆砌,关键的是不同模块之间存在的接口,不同的标准单元正是通过这些接口实现衔接的[21]。要通过 CBR 完成设计,不能简单地考虑零件单元本身,关键要注意零件单元之间的关系,如果从设计角度考虑,这种关系反映为相应的约束、规则和关联[22]。

模块化设计的标准单元是"静止"的,在模块化设计过程中,不用考虑单元本身的知识,而更偏重于单元接口的知识。可拓实例推理(ECBR)则同时考虑这两方面的因素,更符合设计的本质。可拓单元对应于模块单元,但可拓单元是"可变"的,它本身具有知识的存储、联想以及模块化的表示能力。同时,通过可拓语义网络图可以看出,可拓信息单元具有良好的表示关系能力。但可拓信息物元之间的约束或规则不如模块化设计简便。为此 ECBR 需要考虑信息物元之间的接口问题,即物元之间的约束或规则问题。

3.2.2.3 可拓实例推理模型简化

鉴于分布式数据存储技术的优越特性,不同的可拓信息单元应分类存储。在这种存储模式下的实际可拓推理模型如图 3.5 所示。实例库中存储着 n 个实例。对于不同产品,通常由有限个信息单元组成,如 R_1,R_2,$\cdots$,R_i 即为实例的可拓信息物元。由图 3.3 可知,减速器产品设计具有层次性,逐层分解的,根据关联约束与规则,R_1 可拓信息物元可表示为 R_{11},R_{12},$\cdots$,R_{1j}。

可拓信息物元表示可推广到实例库中任何实例 Case1,Case2,$\cdots$,Casen 的所有组成单元,每一个实例对应一个设计方案,正如上节所讲,设计不仅包括组成单元,还是一个关系的有机组合体。在上述推理模型中,可拓信息物元之间用实体双向箭头表示相关性,这里包括同一层的可拓信息物元之间,如 R_{1j} 与 R_{ij} 之间,以及不同层的可拓信

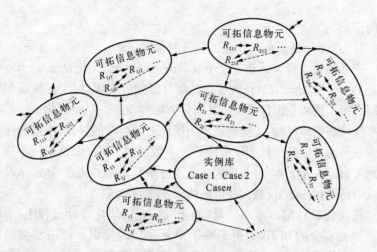

图 3.5   实际可拓物元推理模型

息物元之间,如 R_{ij} 与 R_{ijk} 之间;在可拓信息物元内部用虚体双向箭头
表示同类可拓信息物元之间的相似性。

为实现可拓 CBR 系统,对图 3.5 所示的实际可拓推理模型进行
简化处理,见图 3.6。图中将可拓信息物元直接与实例库相关联。下
面讨论这两个推理模型如何才能实现等价转化。在图 3.5 转换到图

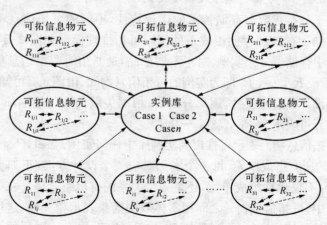

图 3.6   简化可拓物元推理模型

3.6之后,相应地变动了两类双向箭头:

第一类将下一层的双向箭头直接提升到与实例库相连,这样第一层与实例库的相关性没有发生变化,为了使第二层以下的可拓物元与实例库保持不变的关系,我们给每一个下级物元与上级物元之间赋予一个相关值(该相关值通过相关矩阵获得),那么当下级物元与实例库之间相连时,可以通过物元间相关值的连乘来达到等价。

第二类是把可拓物元之间的双向箭头省略了,如原有的 R_1 与 R_2,R_2 与 R_3,R_1 与 R_i 之间的关系。这类关系就是设计环节中所谓的约束和规则的体现,图3.6中的虚线表示约束和规则的思想。假如 R_1 与 R_2 之间存在着某种约束关系,首先在可拓信息物元 R_1 的前提下,信息物元 R_2 就会发生某种变化。最极端的就是对立的关系,即取 R_1 就不能取 R_2,那么就舍弃 R_2 物元,或缩小物元 R_2 的取值范围。至于哪些信息物元之间存在着规则和约束要进行具体分析。减速器的物元之间的规则和约束见图3.3,该图中的"↔"说明了该信息物元存在约束。图3.7是减速器简化可拓物元推理概念模型,其中围绕减速

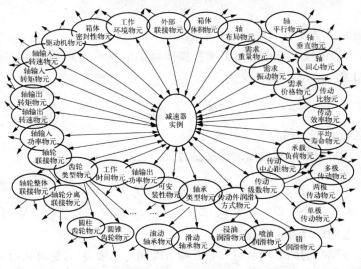

图3.7 减速器简化可拓物元推理概念模型

器实例内圈的实线椭圆表示设计方案的实例物元,从椭圆延伸出去
的物元是该实例映射物元。

3.3 可拓激励推理算法[23][24]

3.3.1 信息物元的形式化描述

采用可拓物元网络图来表示概念设计的功能要求,将实例的推
理转变为可拓物元语义网络的类比匹配、识别问题。概念设计阶段
的模糊性、知识的触发性以及相关性等特征决定了新建实例的形式
化表示应符合相关要求。可拓信息物元图形式化表示为[23]:

$$M = [\overline{R}, \overline{L}, \sigma, \rho, P] \qquad (3.1)$$

其中,$\overline{R}$ 为有限个可拓信息物元的集合;$\overline{L}$ 为有限个实例节点的集合;
σ 为可拓信息物元相似函数用来描述可拓信息物元 R_i,R_j 的相似度
$\sigma(R_i, R_j)$,定义为

$$\sigma : R_i \times R_j \to F_\sigma \qquad (3.2)$$

这里的 F_σ 表示符合要求的相似值;

ρ 为信息元与实例相关函数描述可拓信息单元 R_n 与实例节点 l
的相关度 $\rho(R_n, l)$,定义为

$$\rho : R_n \times L \to F_\rho \qquad (3.3)$$

这里的 F_ρ 表示符合要求的相关值;

P 是相似值相关值的传播函数

$$P_n : F_\sigma \times F_\rho \to F_P \qquad (3.4)$$

对于每个节点 $n \in R \bigcup L, F_P$ 为结点 n 所接受的总激活量,其中
最简单的计算方式是算术求和。

该模型的图形用节点 $R \bigcup L$ 和节点间的弧来表示,见可拓信息物
元网络图 3.8。从弧 $R_i \in R$ 到 $R_j \in R$ 可标识为 $\sigma(R_i, R_j)$,从弧 $R_n \in$

R 到实例 $l \in L$ 可标识为 $\rho(R_n, l)$。假如标识为 0 的话，弧即可忽略，表示可拓信息物元 R_n 与实例 l 不相关。函数 P_n 是对节点 n 能量状态的标注。如果 $\rho(R_n, l) \neq 0$，则表示可拓信息单元 R_n 属于对应的实例 l。它对实例 l 的相关性通过 $\rho(R_n, l)$ 的值表示，表示检索实例 l 中 R_n 的重要程度。信息单元 R_i，R_j 的相似性由 $\sigma(R_i, R_j)$ 来度量。函数 P_n 则用来计算节点 n 的激活，取决于输入激活。最简单的激活函数是所有输入的和。

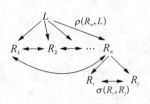

图 3.8　可拓信息物元网络图

3.3.2　可拓激励推理算法

在推理过程中借鉴神经网络思想，将可拓信息物元类比于神经元，在接受外界刺激时，能立即做出反应，并在不同程度上对整个机体作出贡献，同时，不同的神经元之间保持着一定的关系，对某个神经元的刺激，很有可能对另一神经元产生影响，相应产生了刺激。

由此给出激励推理算法的定义：作为信息载体的可拓信息物元通过物元间的规则关联，保持物元联系，通过发散、收敛、蕴涵和相关等可拓方法构建出可拓网络图。对任一信息物元的激活都会对整体实例产生效果，只不过激活的能量值会有不同。这种激励算法拓展了实例推理的柔性和创新性。

可拓信息物元网络：$M = [R, L, \sigma, \rho, P]$ 的激活函数

$$K: R_n \bigcup L \to F_P \qquad (3.5)$$

$K(R_n)(R_n \in R)$ 代表了 R_n 对于实际问题的重要程度，即为可拓学中的关联函数。信息物元 R_n 对于实例 l 检索的影响大小取决于 $\rho(R_n, l)$。当 ρ 为负值时表示实例 l 拒绝可拓信息物元 R_n。

该模型的激励推理过程如下：

在 $M = [R, L, \sigma, \rho, P]$ 中，令 $R = \{R_1, R_2, \cdots, R_s\}$，$K_t: R \bigcup L \to F$ 指在第 t 个阶段的激活量。可拓信息物元节点 $R_n \in R$ 在阶段

$t+1$ 的激活量为

$$K_{t+1}(R_n) \Leftrightarrow P_{R_n}\{\sigma(R_1, R_n) \cdot K_t(R_1), \cdots, \sigma(R_s, R_n) \cdot K_t(R_s)\}$$

$$(3.6)$$

从而实例节点 $l \in L$ 在阶段 $t+1$ 的激活量为

$$K_{t+1}(l) \Leftrightarrow P_l\{\rho(R_1, l) \cdot K_{t+1}(R_1), \cdots, \rho(R_s, l) \cdot K_{t+1}(R_s)\}$$

$$(3.7)$$

给出一个查询激励,所有信息物元节点的初始激活量为

$$K_0(R_n) = \begin{cases} 1 & R_n \in q(q \text{ 为查询值}) \\ 0 & \text{否则} \end{cases}$$

$$(3.8)$$

给定 K_0 后,很容易在任何时候给出每个节点 $n \in L \cup R$ 的激活量。具体地说,通过激活量推理的算法可分为三步:

步骤 1 初始激活:

给出查询,同时对于所有的信息物元,由式(3.15)确定初始激活量 $K_0(R_n)$ 的值。

步骤 2 相似性传播:

K_0 的激活被传播到所有的信息物元 $R_n \in R$:由式(3.13)得

$$K_1(R_n) = P_{R_n}(\sigma(R_1, R_n) \cdot K_0(R_1), \cdots, \sigma(R_s, R_n) \cdot K_0(R_s))$$

$$(3.9)$$

步骤 3 相关性传播:

上一步的结果被传播到实例节点 $l \in L$:由式(3.14)得

$$K_2(l) = P_l(\rho(R_1, l) \cdot K_1(R_1), \cdots, \rho(R_s, l) \cdot K_1(R_s))$$

$$(3.10)$$

把所有的表达式组合在一起,可以得到如下的结果:可拓信息物元网络 $M = [R, L, \sigma, \rho, P]$,激活函数 $K_1(R_n)$,在给定查询 q 激活 α_0 后,实例推理的结果,可根据各个实例 $l \in L$ 所获得的激活能量值

$K_2(l)$ 进行降序排列。

实例推理最终的判断依据是比较查询实例与已有实例的相似度,而上面给出的激励推理算法的最终结果是激活能量 $K(R_n)$ 和 $K(l)$。因此,要使激励推理算法有效,必须在激活能量和相似度之间建立一定的函数关系。

在实例库中,实例 l 可以表示为属性向量

$$\hat{l} = [l^1, \cdots, l^k] \tag{3.11}$$

这里每个 $\hat{l}^i$ 表示第 i 个属性的值。实例的相似性便是基于实例属性向量进行计算。

令 σ_{SIM} 为复合相似度,复合相似度由两个实例的可拓信息物元组合而成。

$$\sigma_{SIM} : L_{domain_i} \times L_{domain_j} \to [0, 1] \tag{3.12}$$

所以,可拓信息物元网络模型可以直接由相似模型的执行来构建。不过仅局限于实例库 L 为有限的。下面来探讨激活能量与相似度之间的函数关系。

假设:σ_{SIM} 为任意复合相似度,ϕ 为复合函数,且

$$\begin{aligned} \sigma_{SIM}(q, l) &= \sigma_{SIM}[q^1, \cdots, q^k], [l^1, \cdots, l^k] \\ &= \phi(\sigma(q^1, l^1), \cdots, \sigma(q^k, l^k)) \end{aligned} \tag{3.13}$$

另外,令 $R = \{R_1, \cdots, R_s\}$ 为所有出现在有限定义域内的信息物元集,l 为域内的实例,那么可定义 $M = [R, L, \sigma, \rho, P]$。对于每对 $R_i, R_j \in R$ 的相似度,如果双方属于相同的属性,那么相似度非零,即

$$\sigma(R_i, R_j) = \begin{cases} \sigma(R_i, R_j) & : & R_i \text{ 与 } R_j \text{ 同类型} \\ 0 & : & \text{否则} \end{cases} \tag{3.14}$$

定义 $\rho(R_n, l)$ 表示可拓物元信息 R_n 与实例 l 的关系。

对于每个信息物元 $R_n \in R$，初始激活基于 q，即

$$K_0(R_n) = \begin{cases} 1 & : \quad R_n \in q \\ 0 & : \quad \text{否则} \end{cases} \qquad (3.15)$$

可用如下方式定义，查询 $q = [q^1, \cdots, q^k]$，任意实例 $\hat{l} = [\hat{l}^1, \cdots, \hat{l}^k]$ 代表实例节点 l，可拓信息物元 $R_{l^1}, \cdots, R_{l^k} (q^i, R_{l^i} \in R)$，则每一个 R_{l^i} 在经过相似性激励后的到的激活量如式 (3.16)：

$$\begin{aligned}
K_1(R_{l^i}) &= P_{R_{l^i}}(\sigma(R_1, R_{l^i}) \cdot K_0(R_1), \cdots, \sigma(R_s, R_{l^i}) \cdot K_0(R_s)) \\
&= \max\{(\sigma(R_1, R_{l^i}) \cdot K_0(R_1), \cdots, \sigma(R_s, R_{l^i}) \cdot K_0(R_s))\} \\
&= \max\{(\sigma(R_{q^1}, R_{l^i}) \cdot K_0(R_{q^1}), \cdots, \sigma(R_{q^k}, R_{l^i}) \cdot K_0(R_{q^k}))\} \\
&= \sigma(R_{q^i}, R_{l^i}) \cdot K_0(R_{q^i}) \\
&= \sigma(R_{q^i}, R_{l^i}) \\
&= \sigma(q^i, \hat{l}^i)
\end{aligned} \qquad (3.16)$$

这里，若 R_{q^i} 与 R_{l^i} 全匹配，则 $\sigma(q^i, \hat{l}^i) = 1$。于是，实例节点 l 的表示 $\hat{l}$ 的相关激励后的激活量如式 (3.17)：

$$\begin{aligned}
K_2(l) &= P_l(\rho(R_1, l) \cdot K_1(R_1), \cdots, \rho(R_s, l) \cdot K_1(R_s)) \\
&= P_l(\rho(R_{l^1}, l) \cdot K_1(R_{l^1}), \cdots, \rho(R_{l^k}, l) \cdot K_1(R_{l^k})) \\
&= P_l(\rho(R_{l^1}, l) \cdot \sigma(q^1, \hat{l}^1), \cdots, \rho(R_{l^k}, l) \cdot \sigma(q^k, \hat{l}^k)) \\
&= \phi(\rho(R_{l^1}, l) \cdot \sigma(q^1, \hat{l}^1), \cdots, \rho(R_{l^k}, l) \cdot \sigma(q^k, \hat{l}^k)) \\
&= \phi(\rho(R_{l^1}, l), \cdots, \rho(R_{l^k}, l)) \\
&= 1
\end{aligned} \qquad (3.17)$$

上面确定了激励能量和相似度的函数关系，即实例节点 l 的激活量等于实例 $\hat{l}$ 的相似度 σ_{SIM}，所以，可以通过激励能量的计算确定实例的相似性。相似度 $\sigma(R_i, R_j) = \dfrac{\min(v_{R_i}, v_{R_j})}{\max(v_{R_i}, v_{R_j})}$ 的值域为 $(0, 1]$，当为 1 时说明该实例是完全匹配；当 $0 < D < 1$ 时说明该实例是非完全匹配，越接近 1，说明实例与实例越类似。

在实例的选取中,定义阈值 $VAR_1 = 0.8$,符合这一条件的实例均作为可能解,然后取其中 D 值为最大的实例。

实例库也是经验库,是成功例子的仓库。当需要解决问题的时候,这种成功的经验必须在此之前就已经存在的。因此,当接收第一个用户任务书时,已经建立好实例库,当然这个实例库是动态的,通过不断的应用和自学习,实例库可以不断地增加、修改,即经验的积累。

实例的修正与学习在实例推理中是关键技术之一,由于初始实例库毕竟有限,在设计过程中应不断将新的实例加入到实例库中,另一方面由于实例不断地加入实例库,若不采取适当的措施,必然会使实例越来越大,从而降低实例推理的效率,因此对入库的实例作如下规定:若该新实例与实例库中所有实例的相似度均小于某个给定值(如 $VAR_2 = 0.9$),则加入该实例库,以保证实例库中实例的相似度按段分布,从而避免实例库的无限膨胀。

3.4 基于可拓信息物元的减速器实例推理设计

3.4.1 减速器可拓信息物元关联约束与规则

减速器作为一个专门的领域设计问题,存在着很多定性或定量的设计约束与设计规则,我们已经把所有的设计约束与规则附加在可拓物元上,所以,原有的一些约束问题就会体现在可拓物元之间,当然这种约束涉及的物元数量是不同的,有些关联两个信息物元,而另外一些可能会包含多个信息物元,我们把物元间存在的约束关联用"→"表述。具体的关联意义由相应的规则进行解释。下面列出了部分重要的约束规则,其中,Q_i 为对应规则的解释。

规则1:单级传动物元→圆柱齿轮物元→直齿轮物元→传动比物元

$$Q_1 = \begin{bmatrix} 单级传动关系, & 前项, & 圆柱直齿轮 \\ & 后项, & 圆柱直齿轮 \\ & 传动比, & < 4 \end{bmatrix}$$

规则 2：单级传动物元→圆柱齿轮物元→斜齿轮物元→传动比物元

$$Q_2 = \begin{bmatrix} 单级传动关系, & 前项, & 圆柱斜齿轮 \\ & 后项, & 圆柱斜齿轮 \\ & 传动比, & < 6 \end{bmatrix}$$

规则 3：单级传动物元→轴功率物元→轴承类型物元

$$Q_3 = \begin{bmatrix} 单级传动载荷输入, & 中小型输入, & 滚动轴承 \\ & 重型输入, & 滑动轴承 \end{bmatrix}$$

规则 4：单级传动物元→圆柱齿轮物元→箱体材料物元

$$Q_4 = \begin{bmatrix} 单级圆柱齿轮传动, & 轮箱体材料, & 铸铁 \end{bmatrix}$$

规则 5：单级传动物元→传动中心距物元→传动比物元

$$Q_5 = \begin{bmatrix} 单级传动, & 传动中心距, & 80 \sim 560 \\ & 传动比, & 2.3 \sim 5.6 \end{bmatrix}$$

规则 6：圆柱齿轮物元→轴布局物元

$$Q_6 = \begin{bmatrix} 圆柱齿轮, & 轴布局状态, & 偏置 \vee 平行 \end{bmatrix}$$

规则 7：两级传动物元→圆柱齿轮物元→直齿轮物元→传动比物元

$$Q_7 = \begin{bmatrix} 两级传动关系, & 前项, & 圆柱直齿轮 \\ & 后项, & 圆柱直齿轮 \\ & 传动比, & 8 \sim 40 \end{bmatrix}$$

规则 8：两级传动物元→圆柱齿轮物元→斜齿轮物元→传动比物元

$$Q_8 = \begin{bmatrix} 两级传动关系, & 前项, & 圆柱斜齿轮 \\ & 后项, & 圆柱斜齿轮 \\ 传动比, & & 8 \sim 40 \end{bmatrix}$$

规则 9：轴转速物元→传动件润滑方式物元

$Q_9 = [$润滑, 方式, 浸油(输入轴转速 $< 12\,\text{m/s}$) $\vee$
喷油(输入轴转速 $> 12\,\text{m/s})]$

规则 10：振动物元→轴承类型物元

$Q_{10} = [$传动, 轴承类型, 球轴承(载荷平稳) $\vee$
圆锥棍子(载荷不平稳)$]$

规则 11：圆锥齿轮物元→单级传动物元→直齿轮物元→传动比物元

$$Q_{11} = \begin{bmatrix} 单级传动关系, & 前项, & 圆锥直齿轮 \\ & 后项, & 圆锥直齿轮 \\ 传动比, & & < 3 \end{bmatrix}$$

规则 12：圆锥齿轮物元→单级传动物元→斜齿轮物元→传动比物元

$$Q_{12} = \begin{bmatrix} 单级传动关系, & 前项, & 圆锥斜齿轮 \\ & 后项, & 圆锥斜齿轮 \\ 传动比, & & < 5 \end{bmatrix}$$

规则 13：圆锥齿轮物元→圆柱齿轮物元→两级传动物元→传动比物元

$$Q_{13} = \begin{bmatrix} 两级传动关系, & 前项, & 圆锥齿轮 \\ & 后项, & 圆柱齿轮 \\ 传动比, & & 8 \sim 15 \end{bmatrix}$$

规则 14：圆锥齿轮物元→价格物元

$$Q_{14} = [圆锥齿轮, \quad 价格, \quad 较高]$$

规则 15：两级传动物元→传动中心距物元→传动比物元

$$Q_{15} = \begin{bmatrix} 两级传动, & 传动中心距, & 200 \sim 560 \\ & 传动比, & 8 \sim 20 \end{bmatrix}$$

规则 16：单级传动物元→圆柱齿轮物元→传动效率物元

$$Q_{16} = [单级圆柱齿轮传动, \quad 传动效率, \quad 0.97 \sim 0.98]$$

规则 17：两级传动物元→圆柱齿轮物元→传动效率物元

$$Q_{17} = [两级圆柱齿轮传动, \quad 传动效率, \quad 0.95 \sim 0.96]$$

规则 18：单级传动物元→圆锥齿轮物元→传动效率物元

$$Q_{18} = [单级圆锥齿轮传动, \quad 传动效率, \quad 0.95 \sim 0.96]$$

规则 19：圆柱齿轮物元→圆锥齿轮物元→传动效率物元

$$Q_{19} = [单级圆柱齿轮传动, \quad 传动效率, \quad 0.94 \sim 0.95]$$

规则 20：输入轴功率物元→传动件润滑方式物元

$$Q_{20} = [润滑, \quad 方式, \quad 飞溅(实际输入轴的功率 \geq 1\,500\ \text{kW})]$$

规则 21：轴输入转速物元→轴输出转速物元→传动比物元

$$Q_{21} = [传动比, \quad 大小, \quad 输入轴转速与输出轴转速的比值]$$

规则 22：轴输入转速物元→轴输出转速物元

$$Q_{22} = \begin{bmatrix} 传动大小关系, & 前项, & 输入轴转速 \\ & 后项, & 输出轴转速 \\ & 关系, & 大于 \end{bmatrix}$$

规则 23：轴输入转速物元→轴输入转矩物元→轴输入功率物元

$$Q_{23} = [输入转矩、输出转速、输入功率 \quad 相互关系, \quad m = 9\,550 * N/n]$$

规则 24：轴输出转速物元→轴输出转矩物元→轴输出功率物元

$$Q_{24} = [输出转矩、输出转速、输出功率 \quad 相互关系, \quad m = 9\,550 * N/n]$$

3.4.2 可拓物元相关模型与相似性分析

3.4.2.1 减速器可拓物元相关模型建立

通过对减速器设计的详细分析,讨论物元间的关联约束和规则,从而为建立减速器可拓物元相关模型奠定了基础。在此采用关系矩阵法和评分法来求得激励算法中的相关值 $\rho(R_n, l) \in [0, 1]$。

物元间有着定性与定量的关系,在此先把所有的问题定性化,即把信息物元间的关系分为 6 级,具体见表 3.1。对于有些物元之间存在着定量关系,如在考虑中心距物元和传动比物元时,如果查询首先触发传动比时,中心距物元会动态变化。

表 3.1 可拓信息物元关系度

关 系 度	评 分 标 准
0	物元间无联系
1	物元间有微弱影响
3	物元间有一定影响
5	物元间关系比较密切

在给定物元关系度的评分标准基础上,可以建立减速器信息物元关系矩阵,见表 3.2。

表中各个物元的含义如下:

R_1 驱动机物元　　　　R_2 轴输入转速物元　　R_3 轴输出转速物元

R_4 轴输入转矩物元　　R_5 轴输出转矩物元　　R_6 轴轮联接物元

R_7 轴输入功率物元　　R_8 轴输出功率物元　　R_9 齿轮类型物元

R_{10} 工作时间物元　　　R_{11} 轴承类型物元　　　R_{12} 传动件润滑方式物元

R_{13} 传动级数物元　　　R_{14} 传动中心距物元　　R_{15} 承载负荷物元

R_{16} 平均寿命物元　　　R_{17} 传动效率物元　　　R_{18} 传动比物元

R_{19} 需求价格物元　　　R_{20} 需求振动物元　　　R_{21} 需求重量物元

R_{22} 轴布局物元 　　　R_{23} 箱体体积物元 　　　R_{24} 外部联接物元
R_{25} 工作环境物元 　　　R_{26} 箱体材料物元 　　　R_{27} 可安装性物元

表 3.2　减速器可拓信息物元相关度一览表

减速器可拓物元相关程度(0、1、3、5、7、9)

	R_1	R_2	R_3	R_4	R_5	R_6	R_7	R_8	R_9	R_{10}	R_{11}	R_{12}	R_{13}	R_{14}	R_{15}	R_{16}	R_{17}	R_{18}	R_{19}	R_{20}	R_{21}	R_{22}	R_{23}	R_{24}	R_{25}	R_{26}	R_{27}
R_1	9	9	7	9	7	3	9	7	1	1	3	7	5	5	9	7	0	0	7	7	0	0	5	5	0	0	3
R_2	9	9	9	9	7	3	9	7	5	0	5	7	3	3	3	1	0	5	5	7	3	0	0	5	1	5	0
R_3	7	9	9	7	9	1	7	3	2	0	7	7	5	3	3	1	0	5	5	7	3	0	0	5	1	5	0
R_4	9	9	7	9	9	3	9	5	3	1	5	3	3	5	3	5	3	5	3	5	0	5	5	3	7	3	
R_5	7	7	9	9	9	1	7	9	3	1	5	3	3	7	3	3	3	5	3	5	0	5	5	3	7	3	
R_6	3	3	1	3	1	9	1	1	1	1	3	5	1	0	5	3	3	0	7	7	5	1	7	3	5	7	0
R_7	9	9	7	9	7	1	9	9	0	1	3	5	3	5	3	1	3	3	3	3	1	5	1	3	5	1	
R_8	7	7	9	7	9	1	9	1	1	3	3	5	7	0	5	3	5	3	5	3	1	5	3	5	1		
R_9	1	5	3	3	3	1	0	1	9	3	5	0	0	0	7	3	7	9	9	7	3	9	7	7	3	9	0
R_{10}	1	0	0	1	1	1	1	1	9	9	1	5	1	9	9	0	0	5	0	0	0	0	3	7	5	3	
R_{11}	3	5	7	5	5	3	3	3	9	5	9	9	3	7	9	7	7	0	7	7	1	0	1	1	7	3	3
R_{12}	7	7	7	3	5	3	3	5	3	0	9	1	9	5	9	3	3	1	5	3	1	1	1	3	1	9	5
R_{13}	5	3	5	1	3	1	5	7	0	5	3	1	9	7	5	1	9	9	7	7	7	3	7	9	0	0	0
R_{14}	5	3	3	5	3	5	3	3	1	0	7	1	5	3	1	5	1	0	7	0	1	0	1				
R_{15}	9	3	3	9	7	5	5	7	7	7	5	5	7	9	1	0	5	9	3	1	5	9	9	7	9		
R_{16}	7	1	1	3	3	3	3	3	7	0	7	5	9	3	1	1	9	5	7	5	1	1	0	0	7	5	3
R_{17}	0	0	0	1	3	3	1	3	7	0	7	5	9	3	1	1	9	5	7	5	1	1	0	7	5	3	1
R_{18}	0	5	5	3	3	0	3	3	9	0	5	3	3	5	9	0	5	7	0	5	3	3	1	1	1		
R_{19}	7	5	5	5	5	7	3	3	9	5	7	3	7	1	5	7	7	5	9	1	3	3	5	1	5	3	
R_{20}	7	7	3	3	7	3	7	3	7	0	7	5	3	5	7	5	5	9	1	1	1	8	9	1	7		
R_{21}	0	3	3	5	5	5	3	3	0	1	1	7	0	3	1	1	7	3	1	9	3	9	1	0	9	3	
R_{22}	0	0	0	0	0	1	1	9	0	0	1	3	0	1	0	1	0	3	1	3	9	7	5	1	3	1	

续　表

减速器可拓物元相关程度(0、1、3、5、7、9)

	R_1	R_2	R_3	R_4	R_5	R_6	R_7	R_8	R_9	R_{10}	R_{11}	R_{12}	R_{13}	R_{14}	R_{15}	R_{16}	R_{17}	R_{18}	R_{19}	R_{20}	R_{21}	R_{22}	R_{23}	R_{24}	R_{25}	R_{26}	R_{27}
R_{23}	5	0	0	5	5	7	5	5	7	0	1	1	7	7	5	0	0	9	5	1	9	7	9	1	0	1	5
R_{24}	5	5	5	5	5	3	1	3	7	3	1	3	9	0	9	7	7	3	5	3	1	5	1	9	3	0	0
R_{25}	0	1	1	3	3	5	3	3	3	7	7	1	0	1	9	7	5	1	1	9	0	1	0	3	9	5	7
R_{26}	0	5	5	7	7	7	5	5	9	5	3	9	0	0	7	5	3	1	5	1	9	3	1	0	5	9	1
R_{27}	3	0	0	3	3	0	1	1	0	3	3	5	0	1	9	3	1	1	3	7	3	1	5	0	7	1	9
总和	125	120	119	129	128	86	114	119	118	69	129	107	119	90	160	104	88	96	131	125	90	51	107	108	117	117	73
													2 939														
$w(e)$ *10^{-4}	425	408	405	439	436	293	388	405	401	235	439	364	405	306	544	354	293	327	446	425	309	171	364	367	398	398	249

3.4.2.2　减速器可拓物元相似性分析

从表 3.2 中,可以客观地得出激励算法中的权重因子 $\rho(R_n, l) \in [0,1]$。为了实现减速器 CBCD 的激励算法,需要求出 $\sigma(R_i, R_j)$。这里规定相似值不等于 0 的可拓物元只存在于同类同层次的信息物元中。通过对减速器 27 个主要可拓信息物元分析,可知物元 $R = (N, c, v)$ 中的域值 v 可分为定性和定量状态。在讨论该物元相似性时应相应分类讨论。

如果物元是参数形式,可用物元值的比来确定相似度

$$\sigma(R_i, R_j) = \frac{\min(v_{R_i}, v_{R_j})}{\max(v_{R_i}, v_{R_j})} \qquad (3.18)$$

其中 R_i 表示物元的属性值,R_j 表示实例对应物元的属性值。对物元特征是定性的,可用模糊方法定量计算。减速器设计中涉及的 27 个关键物元分别如下:

(1) 驱动机物元 R_1,外部联接物元 R_{24},齿轮类型物元 R_9,轴承类型物元 R_{11},传动件润滑方式物元 R_{12},轴布局物元 R_{22} 与轴轮联接物

元 R_6 的相似性为 0,1 选择,匹配为 1,不匹配便为 0。

（2）轴输入转速物元 R_2,轴输出转速物元 R_3,轴输入转矩物元 R_4,轴输出转矩物元 R_5,轴输入功率物元 R_7,轴输出功率物元 R_8,传动级数物元 R_{13},传动中心距物元 R_{14},传动比物元 R_{18},价格物元 R_{19},工作时间物元 R_{10},平均寿命物元 R_{16},重量物元 R_{21},箱体体积物元 R_{23},传动效率物元 R_{17} 的物元相似性用物元中的属性值相比。

（3）承载负荷物元 R_{15},振动物元 R_{20},工作环境物元 R_{25},箱体密封性物元 R_{26},可安装性物元 R_{27} 的物元相似性要经过模糊处理,将物元分为 4 个级别,然后再通过如(2)的方法定量处理。

3.4.3 减速器可拓实例激励推理的实现

下面用一个减速器设计实例验证可拓实例推理方法。设计要求：输入转速 1 500 r/min;输入转矩为 12 N·m;输出功率 1.38 kW;体积 0.3 m³;工况一般。

鉴于实例库中实例数量庞大,文中不可能穷尽所有实例的匹配。为了便于说明上述方法,本文只挑选例库中的三个实例 Case(11),Case(12)和 Case(13),目的在于印证基于可拓物元的激励算法的有效性。由题可知该查询要求,即激活的可拓信息物元包括 R_2,R_4,R_8,R_{23} 和 R_{25},而根据减速器设计领域规则和约束可知,输入转矩,转速和输入功率之间存在着一定的函数关系,即 $v_{R_4} = 9550 \dfrac{v_{R_7}}{v_{R_2}}$。故激活物元 R_2 和 R_4,也激活了物元 R_7,计算出 R_7 的属性值为 1.88 kW,在得到输入功率物元 R_7 和输出功率物元 R_8 后,根据输入、输出功率和传动效率的函数关系 $v_{R_{17}} = \dfrac{v_{R_7}}{v_{R_8}}$,故在激活 R_7,R_8 后,也得到了信息物元 R_{17} 的属性值 0.73,如果有庞大实例库支持,系统会根据相关的约束关系,对可拓信息物元的取值域做出自动更新,如输入转速、输出转速和传动比的定量关系,会使系统在激活 R_2 时,适当缩小 R_3 和 R_{18}

的取值范围。以实例 11 为例,激活函数为

$$K_2(l_{11}) = P(\rho(R_1, l_{11}) \cdot K_1(R_1), \rho(R_2, l_{11}) \cdot K_1(R_2), \cdots,$$
$$\rho(R_{27}, l_{11}) \cdot K_1(R_{27}))$$
$$= \rho(R_1, l_{11})K_1(R_1) + \rho(R_2, l_{11}) \cdot K_1(R_2) + \cdots +$$
$$\rho(R_{27}, l_{11}) \cdot K_1(R_{27})$$
$$= \rho(R_2, l_{11})K_1(R_2) + \rho(R_4, l_{11}) \cdot K_1(R_4) +$$
$$\rho(R_8, l_{11}) \cdot K_1(R_8) + \rho(R_{23}, l_{11})K_1(R_{23}) +$$
$$\rho(R_{25}, l_{11}) \cdot K_1(R_{25}) + \rho(R_7, l_{11}) \cdot K_1(R_7) +$$
$$\rho(R_{17}, l_{11})K_1(R_{17}) \tag{3.19}$$

由

$$K_1(R_n) = P(\sigma(R_1, R_n) \cdot K_0(R_1), \cdots, \sigma(R_s, R_n) \cdot K_0(R_s)) \tag{3.20}$$

可得到相应的激活函数为

$$K_1(R_2) = \sigma(R_2, R)K_0(R_2)$$
$$K_1(R_4) = \sigma(R_4, R)K_0(R_4)$$
$$K_1(R_8) = \sigma(R_8, R)K_0(R_8)$$
$$K_2(R_{23}) = \sigma(R_{23}, R)K_0(R_{23})$$
$$K_1(R_{25}) = \sigma(R_{25}, R)K_0(R_{25})$$
$$K_1(R_7) = \sigma(R_7, R)K_0(R_7)$$
$$K_1(R_{17}) = \sigma(R_7, R)K_0(R_{17})$$

根据表 3.2 的相关度可得到 $\rho(R_n, l)$ 的值,从而得到减速器可拓信息物元激活量为

$$K_1(R_2) = 1$$
$$K_1(R_4) = 0.943$$
$$K_1(R_8) = 0.812$$
$$K_2(R_{23}) = 0.967$$

$$K_1(R_{25}) = 1$$
$$K_1(R_7) = 0.940$$
$$K_1(R_{17}) = 0.859$$
$$K_2(l_{11}) = 0.252$$

同理,对实例 Case(12)和 Case(13)进行能量激励,求得

$$K_2(l_{12}) = 0.218$$
$$K_2(l_{13}) = 0.232$$

容易看出排序

$$K_2(l_{11}) > K_2(l_{13}) > K_2(l_{12})$$

也就是说在提供的三个实例中,Case(11)最相似,其次是 Case(13),最后是 Case(12)。

设计方案 Case(11)在数据库中的详细物元表示见表 3.3。为了增强系统的交互能力,可进入图形系统对相应的实例进行修改。

表 3.3 设计方案可拓信息物元详细表示

实例索引号	符号	事物	属性	值	图形
Case11	R_1	驱动机	类型	电动机	Case11. jpg
	R_2	输入轴	转速	1 500 R/M	Case11. prt
	R_3	输出轴	转速	75 R/M	
	R_4	输入轴	转矩	12.7 N. M	
	R_5	输出轴	转矩	216.5 N. M	
	R_6	轴轮	联接方式	分离式	
	R_7	输入轴	功率	2.0 kW	
	R_8	输出轴	功率	1.70 kW	
	R_9	齿轮	传动类型	直齿圆柱	
	R_{10}	减速器	工作时间	8 h	
	R_{11}	轴承	类型	滚动	

续　表

实例索引号	符号	事物	属性	值	图形
	R_{12}	传动件	润滑方式	浸油	
	R_{13}	齿轮	传动级数	2	
	R_{14}	传动轴	中心距	240 MM	
	R_{15}	减速器	承载能力	一般	
	R_{16}	减速器	平均寿命	3	
	R_{17}	减速器	传动效率	0.85	
	R_{18}	齿轮	传动比	20	
	R_{19}	减速器	价格	1 100 元	
	R_{20}	减速器	振动状况	一般	
	R_{21}	减速器	重量	120 kg	
	R_{22}	轴	布局	同侧平行	
	R_{23}	箱体	体积	0.29 M^3	
	R_{24}	机轴	联接方式	分装式	
	R_{25}	减速器	工作环境	一般	
	R_{26}	箱体	密封性	良	
	R_{27}	减速器	可安装性	良	
	R_{28}	输入轴	1级中心距	120	
	R_{29}	输入轴	2级中心距	120	
	R_{30}	齿轮	1级传动比	4.47	
	R_{31}	齿轮	2级传动比	4.47	
	…	…	…	…	

3.5　本章小结

现有 CBR 方法往往难以较好地描述定量定性相结合的设计知识,为此本章采用可拓信息物元表示最小实例知识单元,从定量和定性两方面描述实例的特性,通过对设计信息物元以及物元关系的处理,提出可拓实例推理(Extension Case Based Reasoning,ECBR)方法,使未知问题转换为已知问题,利用物元的可拓特性,有效地拓展或收敛解的空间域。

根据所建立的可拓实例推理概念设计映射模型,论文提出了一种可拓激励推理算法,并从理论上证明了该算法的有效性。文中对可拓信息物元的相关性、相似性度量以及创建实例库等关键性问题展开了深入的分析与讨论。应用所提出的可拓信息物元表示方法和激励推理算法,分析了减速器产品设计规则与约束关系,并建立了可拓实例库,实现了该产品概念设计可拓实例推理的全过程,有效地印证了可拓实例推理方法的可行性。

参 考 文 献

[1] 韩晓建,邓家褆. 机械产品设计的过程建模. 北京航空航天大学学报,2000,26(5):604~607

[2] Pahl G, Beitz W. Engineering Design. London:The Design Council, 1984

[3] French M. J. Conceptual Design for Engineers Second Edition. London:The Design Council, 1985

[4] 邹慧君,汪利,王石刚等. 机械产品概念设计及其方法综述. 机械设计,1998,2:9~13

[5] 宋玉银,蔡复之,张伯鹏. 基于实例推理的产品概念设计系统. 清华大学学报,1998,38(8):5~8

[6] Lee Dongkon, Lee Kyung-Ho. An approach to case-based system for conceptual ship design assistant. Expert Systems with Applications, 1999, 16(1):97~104

[7] 史琦,李原,杨海成. 基于实例推理的产品概念设计模型研究. 计算机应用, 2000, 20(2):81~83

[8] Chandrasekaran B, Design problem solving:A task analysis. AAAI, AI Magazine, 1997

［9］ Xu Bo，Li Xingshan，Yu Jinsong. Design of intelligent diagnosis system based on CBR for jet engine，Fifth International Symposium on Instrumentation and Control Technology，2003，5253：1006～1009

［10］ 夏晓林. 基于实例推理的基本理念. 辽宁大学学报(自然科学版)，2003，30(1)：55～57

［11］ Kim Young，Jun Kim，Chung Tae. Design of object model reuse system by CBR in system analysis. International Journal of Software Engineering and Knowledge Engineering，2004，14(3)：277～290

［12］ Bandini Stefania，ManzoniSara. Improving CBR for compound design with fuzzy indexing and retrieval. International Journal of Engineering Intelligent Systems for Electrical Engineering and Communications，2002，10(3)：125～130

［13］ 蔡文，杨春燕，何斌. 可拓逻辑初步. 北京：科学出版社，2003

［14］ 蔡文，杨春燕，何斌. 可拓学基础理论研究的新进展. 中国工程科学，2003，5(2)：81～87

［15］ 刘巍，张秀芳. 基于可拓信息的知识表示. 系统工程理论与实践，1998，18(1)：33～35

［16］ 宋慧军，林志航，罗时飞. 机械产品概念设计中的知识表示. 计算机辅助设计与图形学学报，2003，15(4)：438～443

［17］ 张晓莉，杨杰，吕永. 诊断推理中人工神经网络与基于案例推理的结合. 上海铁道大学学报，2000，21(6)：6～10

［18］ 孔凡国，刘湘潭. 智能化概念设计体协结构的研究. 五邑大学学报，1998，12(4)：1～6

［19］ Maher M L，Balachandran M B，Zhang D M. Case-based reasoning in design. NJ：Lawrence Erlbaum Associates，1995

［20］ 孙晓斌，杨海成，王佑君. 基于实例的设计方法研究. 机械科学与技术，2000，19(2)：331～332

［21］ 侯亮，徐燕申，唐任仲等. 面向广义模块化设计的产品族规划方法研究. 中国机械工程，2003，14(7)：596～599

［22］ 徐燕申，徐千理，侯亮. 基于 CBR 的机械产品模块化设计方法的研究. 机械科学与技术，2005，25(1)：833～835

［23］ Zhao Yanwei，Zhang Guoxian. Study of Intelligent Conceptual Design

Based on Extension Case Reasoning, International Conference on Manufacturing Automation, 2004 Professional Engineering Publishing. 151~157 (ISTP)

[24] Zhao Yanwei, Wang Zhengchu, Zhang Guoxian, et al. Extension Case Reasoning for Intelligent Conceptual Design, WSEAS TRANSACTIONS on SYSTEMS Issue 3, Volume 3, May 2004, 1138~1142

第4章 概念设计的模糊物元
多目标优化方法

4.1 模糊物元分析理论

人类思维具有显著的模糊特征,在概念设计阶段,这种模糊特征更为突出,为此在可拓物元分析中有必要引入模糊理论。

4.1.1 模糊物元的基本概念

4.1.1.1 模糊物元的概念

对于物元的三元组,如果其中量值具有模糊性,使用有序三元组:"事物、特征、模糊量值"作为描述事物的基本元,如果事物 M 用 n 个特征 c_1, c_2, $\cdots$, c_n 及其相应的模糊量值 $\mu(x_1)$, $\mu(x_2)$, $\cdots$, $\mu(x_n)$ 来描述,则称为 n 维模糊物元[1],记为:

$$\widetilde{R}_n = \begin{bmatrix} & M \\ c_1 & \mu(x_1) \\ c_2 & \mu(x_2) \\ \cdots & \cdots \\ c_n & \mu(x_n) \end{bmatrix} \tag{4.1}$$

其中 $\widetilde{R}_n$ 表示 n 维模糊物元;c_i 表示第 i 个特征;$\mu(x_i)$ 表示事物 M 第 i 个特征 c_i 相应的量值 $x_i(i=1,2,\cdots,n)$ 的隶属度,此值可由隶属函数加以确定。

4.1.1.2 复合模糊物元

若有 m 个物用其共同的 n 个特征 c_1, c_2, $\cdots$, c_n 及其相应的模糊

量值 $\mu(x_{1i})\,\mu(x_{2i})$，…，$\mu(x_{mi})(i=1,2,…,n)$ 来描述，则称为 m 个物 n 维复合模糊物元，即：

$$\widetilde{R}_{mn}=\begin{bmatrix} & M_1 & M_2 & \cdots & M_m \\ c_1 & \mu(x_{11}) & \mu(x_{21}) & \cdots & \mu(x_{m1}) \\ c_2 & \mu(x_{12}) & \mu(x_{22}) & \cdots & \mu(x_{m2}) \\ \vdots & \vdots & \vdots & \cdots & \vdots \\ c_n & \mu(x_{1n}) & \mu(x_{2n}) & \cdots & \mu(x_{mn}) \end{bmatrix} \quad (4.2)$$

其中 $\widetilde{R}_{mn}$ 表示 m 个事物 n 维复合模糊物元；c_j 表示第 j 个特征；M_i 表示第 i 个事物；$\mu(x_{ij})$ 表示第 i 个事物 M_i 第 j 个特征 c_j 相应的量值 $x_{ij}(i=1,2,…,m;j=1,2,…,n)$ 的隶属度。

4.1.1.3 复合权重物元

若以 R_λ 表示物元各项特征的权重复合物元[2]，则有：

$$R_\lambda=\begin{bmatrix} & c_1 & c_2 & \cdots & c_n \\ \lambda_i & \lambda_1 & \lambda_2 & \cdots & \lambda_n \end{bmatrix} \quad (4.3)$$

式中，$\lambda_i(i=1,2,…,n)$ 表示每一事物第 i 特征的权重。

4.1.1.4 关联度复合模糊物元

所谓关联度，就是诸事物与理想事物关联性大小的量度。设 $\widetilde{R}_K$ 表示由 m 个关联度所组成的关联度复合模糊物元，则关联度复合模糊物元为：

$$\widetilde{R}_K=\begin{bmatrix} & M_1 & M_2 & \cdots & M_m \\ K_i & K_1 & K_2 & \cdots & K_m \end{bmatrix} \quad (4.4)$$

其中，K_i 为第 i 个事物的关联度。

4.1.2 模糊物元关联分析

在关联度复合模糊物元中，按各关联度的大小，依次排序，然后对事物或因数进行分析的方法，称为模糊物元关联分析。其目的在于寻求事物的主次关系,找出影响目标值的重要因素,从而掌握事物的主要特征,促进和引导事物迅速而有效地向前发展,并从中确定最佳事物。

4.1.2.1 关联函数

关联函数 $K(x)$ (见式 2.16)和隶属函数中所含元素均属中介元,这两个函数的差别,仅在于关联函数较隶属函数多一段有条件可以转化的量值范围[3]。本文讨论的经典域和节域重合,故关联函数与隶属函数等价。

当 $K(x)$ 中确知某一特征值为 X_{ij} 时,就可以求出相应的函数值,称此函数值为关联系数,用 $\xi_{ij} = \mu(X_{ij})$ 来表示。则 m 个事物 n 项特征的关联系数复合物元,称之为关联系数复合模糊物元,记为 $\tilde{R}_{\xi}$,即:

$$\tilde{R}_{\xi} = \begin{bmatrix} & M_1 & M_2 & \cdots & M_m \\ c_1 & \xi_{11} & \xi_{21} & \cdots & \xi_{m1} \\ c_2 & \xi_{12} & \xi_{22} & \cdots & \xi_{m2} \\ \vdots & \vdots & \vdots & \cdots & \vdots \\ c_n & \xi_{1n} & \xi_{2n} & \cdots & \xi_{mn} \end{bmatrix} \quad (4.5)$$

4.1.2.2 关联度的计算

设 $\tilde{R}_k$ 表示由 m 个关联度所组成的关联度复合模糊物元,采用加权平均处理,则得:

$$\tilde{R}_k = R_\lambda \lambda * \tilde{R}_{\xi} \quad (4.6)$$

这里,"$*$"表示运算符号,根据采用的模式不同,运算的方法也就有所不同。

模式 I:

$$\tilde{R}_k = \begin{bmatrix} & M_1 & M_2 & \cdots & M_m \\ K_i & K_1 = \sum_{j=1}^{n}\lambda_i\xi_{1j} & K_2 = \sum_{j=1}^{n}\lambda_i\xi_{2j} & \cdots & K_m = \sum_{j=1}^{n}\lambda_i\xi_{mj} \end{bmatrix}$$

$$(4.7)$$

模式 II：

$$\widetilde{R}_k = \begin{bmatrix} & M_1 & M_2 & \cdots & M_m \\ K_i & K_1 = \bigvee_{j=1}^{n} \lambda_i \wedge \xi_{1j} & K_2 = \bigvee_{j=1}^{n} \lambda_i \wedge \xi_{2j} & \cdots & K_m = \bigvee_{j=1}^{n} \lambda_i \wedge \xi_{mj} \end{bmatrix}$$

(4.8)

模式 III：

$$\widetilde{R}_k = \begin{bmatrix} & M_1 & M_2 & \cdots & M_m \\ K_i & K_1 = \bigvee_{j=1}^{n} \lambda_i \cdot \xi_{1j} & K_2 = \bigvee_{j=1}^{n} \lambda_i \cdot \xi_{2j} & \cdots & K_m = \bigvee_{j=1}^{n} \lambda_i \cdot \xi_{mj} \end{bmatrix}$$

(4.9)

若用"模式 I"进行运算,结果关联度中包含了所有因素的共同作用,从数值上体现了综合的意义。

采用"模式 II"进行运算时,第一轮"取小"的运算,结果都不能大于权重,实际上没有起到加权作用,只起到一种"过滤"或限制作用,尤其当 n 比较大,若对 λ_i 作归一化处理,则权重都很小,从而"取小"运算结果都很小。在第二轮"取大"运算中,从 n 个"取小"运算结果中取一个最大值,这就淘汰了其他因素,可说明在一定程度上失去了综合的含义。由于权重在关联度中并未反映出加权的作用,故不必把权重作归一化处理,但可适当地把权重取大一些。而在这个模型结果中,因为只存在主因素,其他因素全被过滤掉,故称为"主观因素决定型"。

"模型 III"是用相乘代替取小运算,就以这一轮计算结果而言,权重不再是仅仅起"过滤"作用,而的确起了加权作用,但是由于第二轮仍是"取大"运算,所以权重仍没有进入关联度中,也无须对权重作归一化处理,这类模式称为"主观因素突出型"。

4.1.2.3 最大关联度评判原则

各事物的关联度按其大小进行排序,选择其最大值 K^*,作为评

判原则,称此原则为最大关联度原则,即:

$$K^* = \max(K_1, K_2, \cdots, K_m) \tag{4.10}$$

这个原则用途广泛,既可以对物元作识别、类聚、评估决策之用,也可以对其价值进行分析等。

4.1.3 模糊物元优化方法

4.1.3.1 构造优、次等事物 n 维模糊物元

根据优化原则,建立优等事物和次等事物的 n 维模糊物元,用作优化比较标准,因而优等事物 n 项指标的关联系数应该是全体事物指标相应的关联系数中的最大值,即 y_1, y_2, $\cdots$, y_n。若以 $\tilde{R}_y$ 表示优等事物 n 维模糊物元,则有:

$$\tilde{R}_y = \begin{bmatrix} & M_y \\ c_1 & y_1 \\ c_2 & y_2 \\ \vdots & \vdots \\ c_n & y_n \end{bmatrix} \tag{4.11}$$

同理,次等事物 n 项指标的关联系数为全体事物指标相应的关联系数最小值 z_1, z_2, $\cdots$, z_n,则有:

$$\tilde{R}_z = \begin{bmatrix} & M_z \\ c_1 & z_1 \\ c_2 & z_2 \\ \vdots & \vdots \\ c_n & z_n \end{bmatrix} \tag{4.12}$$

这里 M_y, M_z 为优等事物和次等事物,其余同前。

4.1.3.2 距优、距次模糊物元的构成

对于如式(4.5)的关联系数复合模糊物元,考虑诸事物与优等或次等事物之间的差异,按物元简单差定义,得:

$$(\widetilde{R}_y - \widetilde{R}_\xi) = \begin{bmatrix} & M_1 & M_2 & \cdots & M_m \\ c_1 & y_1 - \xi_{11} & y_1 - \xi_{21} & \cdots & y_1 - \xi_{m1} \\ c_2 & y_2 - \xi_{12} & y_2 - \xi_{22} & \cdots & y_2 - \xi_{m2} \\ \cdots & \cdots & \cdots & \cdots & \cdots \\ c_n & y_n - \xi_{1n} & y_n - \xi_{2n} & \cdots & y_n - \xi_{mn} \end{bmatrix} \quad (4.13)$$

和

$$(\widetilde{R}_\xi - \widetilde{R}_z) = \begin{bmatrix} & M_1 & M_2 & \cdots & M_m \\ c_1 & \xi_{11} - z_1 & \xi_{21} - z_1 & \cdots & \xi_{m1} - z_1 \\ c_2 & \xi_{12} - z_2 & \xi_{22} - z_2 & \cdots & \xi_{m2} - z_2 \\ \cdots & \cdots & \cdots & \cdots & \cdots \\ c_n & \xi_{1n} - z_n & \xi_{2n} - z_n & \cdots & \xi_{mn} - z_n \end{bmatrix} \quad (4.14)$$

若以 $\widetilde{R}_{yd}$、$\widetilde{R}_{zd}$ 分别表示距优距离和距次距离的复合模糊物元，y_d、z_d 分别表示距优距离和距次距离，则采用加权平均集中处理得：

$$\widetilde{R}_{yd} = \begin{bmatrix} & M_1 & M_2 & \cdots & M_m \\ y_d & \sum_{j=1}^{n} \lambda_i(y_j - \xi_{1j}) & \sum_{j=1}^{n} \lambda_i(y_j - \xi_{2j}) & \cdots & \sum_{j=1}^{n} \lambda_i(y_j - \xi_{mj}) \end{bmatrix}$$

$$(4.15)$$

和

$$\widetilde{R}_{zd} = \begin{bmatrix} & M_1 & M_2 & \cdots & M_m \\ z_d & \sum_{j=1}^{n} \lambda_i(\xi_{1j} - z_j) & \sum_{j=1}^{n} \lambda_i(\xi_{2j} - z_j) & \cdots & \sum_{j=1}^{n} \lambda_i(\xi_{mj} - z_j) \end{bmatrix}$$

$$(4.16)$$

式中，λ_i 表示第 i 项指标的权重，其余符号同前。

4.1.3.3 确定最佳事物

为了选优事物，先建立目标函数，然后求其最小二乘解。设诸事

物的目标函数为 $F(K_i)$，其中 K_i 为实函数，而在 (4.15)、(4.16) 两式中 $\sum_{j=1}^{n} \lambda_i(y_j - \xi_{ij})$ 和 $\sum_{j=1}^{n} \lambda_i(\xi_{ij} - z_j), (i = 1, 2, \cdots, m)$ 也都是实函数，故在实数域内"距离平方和为最小"，若将其扩展为"权距离平方和最小"，则仍然适用，因而有：

$$\min F(K_i) = \sum_{i=1}^{m} \left\{ \left[K_i \sum_{j=1}^{n} \lambda_j(y_j - \xi_{ij}) \right]^2 + \left[(1 - K_i) \sum_{j=1}^{n} \lambda_j(\xi_{ij} - z_j) \right]^2 \right\}$$

$$(4.17)$$

令其为零，即 $dF(k_i)/dk_i = 0$，并考虑 $y_j \to 1, z_j \to 0$，则得：

$$K_i = \left\{ 1 + \left[\frac{\sum_{j=1}^{n} \lambda_i(1 - \xi_{ij})}{\sum_{j=1}^{n} \lambda_i \xi_{ij}} \right]^2 \right\}^{-1} \quad i = 1, 2, \cdots, m$$

$$(4.18)$$

这就是第 i 个事物的关联度的计算公式，据此可建立 m 个事物的关联度复合模糊物元，记为 $\widetilde{R}_k$，即：

$$\widetilde{R}_k = \begin{bmatrix} & M_1 & M_2 \\ k_j & k_1 = \left\{ 1 + \left[\dfrac{\sum\limits_{j=1}^{n} \lambda_j(1 - \xi_{ij})}{\sum\limits_{j=1}^{n} \lambda_j \xi_{ij}} \right]^2 \right\}^{-1} & k_2 = \left\{ 1 + \left[\dfrac{\sum\limits_{j=1}^{n} \lambda_j(1 - \xi_{2j})}{\sum\limits_{j=1}^{n} \lambda_j \xi_{2j}} \right]^2 \right\}^{-1} \\ \cdots & M_m \\ & \cdots \quad k_m = \left\{ 1 + \left[\dfrac{\sum\limits_{j=1}^{n} \lambda_j(1 - \xi_{mj})}{\sum\limits_{j=1}^{n} \lambda_j \xi_{mj}} \right]^2 \right\}^{-1} \end{bmatrix} \quad (4.19)$$

按上式算出诸事物关联度大小进行优劣排序,以选择最佳
事物。

4.2 基于模糊物元模型的刀库方案优化设计[23]

应用模糊物元分析方法进行机械产品方案优化设计的基本步骤
如图 4.1 所示。本节以刀库方案设计为例进行具体讨论。

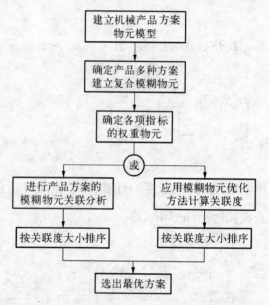

图 4.1 基于模糊物元方法的产品方案设计

4.2.1 刀库方案模糊物元模型的建立

由图 2.9 以及 2.3.4 节可知,转塔式刀库、圆盘式刀库、链式刀库
及格子式刀库这四种刀库方案的各个特征量值都是取值范围区间[4],
因此采用模糊物元的关联分析方法来确定各个特征模糊量值的隶属
度函数:

$$\mu_{ij} = \begin{cases} 0, & \mu_{i0} \leqslant a_{ij} \text{ 或 } \mu_{i0} \geqslant b_{ij} \\ 1 - \dfrac{|2\mu_{i0} - (b_{ij} + a_{ij})|}{b_{ij} - a_{ij}}, & \mu a_{ij} \leqslant \mu_{i0} \leqslant b_{ij} \end{cases}$$

$$(4.20)$$

其中 μ_{ij} 为第 i 个方案的第 j 项指标(因素)的模糊量值,μ_{i0} 为所要设计的刀库方案第 j 项指标(因素)的量值,a_{ij} 和 b_{ij} 分别为第 i 个方案的第 j 项指标(因素)的量值区间的最小值和最大值[5]。按上式将物元 R_1 的量值模糊化得模糊物元:

$$\tilde{R}_1 = \begin{bmatrix} & \text{转塔式刀库 } N_1 \\ \text{刀库容量 } c_{11} & 0.0 \\ \text{选刀时间 } c_{12} & 0.0 \\ \text{刀具最大长度 } c_{13} & 0.8 \\ \text{刀具最大直径 } c_{14} & 1.0 \\ \text{刀具最大重量 } c_{15} & 1.0 \end{bmatrix}$$

按同样的方法可求得 $\tilde{R}_2$,$\tilde{R}_3$,$\tilde{R}_4$ 各个特征的模糊量值。将 $\tilde{R}_1$,$\tilde{R}_2$,$\tilde{R}_3$,$\tilde{R}_4$ 组合成复合模糊物元为:

$$\tilde{R}_{45} = \begin{bmatrix} & N_1 & N_2 & N_3 & N_4 \\ c_1 & 0.0 & 0.415\,094 & 0.0 & 0.0 \\ c_2 & 0.0 & 0.5 & 1.0 & 0.0 \\ c_3 & 0.8 & 0.8 & 0.0 & 0.0 \\ c_4 & 1.0 & 0.571\,429 & 0.444\,444 & 0.571\,429 \\ c_5 & 1.0 & 0.666\,667 & 0.0 & 0.0 \end{bmatrix}$$

其中,N_1、N_2、N_3、N_4 分别为转塔式刀库、圆盘式刀库、链式刀库、格子式刀库等模糊物元名称。c_1、c_2、c_3、c_4、c_5 分别为刀库容量、选刀时间、刀具最大长度、刀具最大直径、刀具最大重量等特征。

4.2.2 复合权重物元的建立

权重的确定是多目标优化问题的一个重点内容,确定权重的方法有求和归一法、层次分析法[6]、统计法[7]、继承法[7]和尝试法[8][9]等。本章先采用层次分析法构造层次模型,然后再利用求和归一法求出各个特征的权重。

根据各指标在刀库设计中的重要程度的差别,确定它们两两因素之间的相互比率,使用 1、3、5、7、9 或 1、1/3、1/5、1/7、1/9 比率标度法来表示某因素相对另一因素的重要程度。

构造出判别矩阵 H 为:

$$H = \begin{array}{c} \begin{array}{ccccc} c_1 & c_2 & c_3 & c_4 & c_5 \end{array} \\ \begin{bmatrix} 1 & 1 & 3 & 5 & 3 \\ 1 & 1 & 3 & 3 & 3 \\ 1/5 & 1/3 & 1 & 3 & 1 \\ 1/5 & 1/3 & 1/3 & 1 & 1 \\ 1/3 & 1/3 & 1 & 1 & 1 \end{bmatrix} \begin{array}{c} c_1 \\ c_2 \\ c_3 \\ c_4 \\ c_5 \end{array} \end{array}$$

再采用求和归一法从判别矩阵中求出权重物元。按以下步骤进行:

(1)求判别矩阵各行元素之和

$$h_i = \sum_{j=1}^{5} h_{ij} \tag{4.21}$$

(2)求判别矩阵所有元素之和

$$h_{total} = \sum_{i=1}^{5} h_i = 36.2$$

(3)求各个特征的权重,建立复合权重物元

$$\lambda_i = \frac{h_i}{h_{total}} \tag{4.22}$$

则可得复合权重物元为

$$\widetilde{R}_\lambda = \begin{bmatrix} & c_1 & c_2 & c_3 & c_4 & c_5 \\ \lambda_i & 0.359\,116 & 0.303\,867 & 0.156\,538 & 0.079\,189\,7 & 0.101\,289 \end{bmatrix}$$

4.2.3 计算关联度

4.2.3.1 按模糊物元关联分析方法计算关联度

按(4.7)式计算各种刀库方案的关联度,采用先乘后加的方法综合考虑各因素的影响。则

$$\widetilde{R}_k = \widetilde{R}_\lambda * \widetilde{R}_{45} = \begin{bmatrix} & N_1 & N_2 & N_3 & N_4 \\ K_i & 0.305\,709 & 0.539\,008 & 0.339\,063 & 0.045\,251\,2 \end{bmatrix}$$

从上述计算出来的关联度模糊物元可知,$K_2 > K_3 > K_1 > K_4$,即圆盘式刀库 N_2 的关联度最大,故选择圆盘式刀库作为所要设计的刀库方案。

4.2.3.2 按模糊物元优化方法计算关联度

由式(4.23)得:

$$K_1 = 0.162\,395;$$
$$K_2 = 0.577\,545;$$
$$K_3 = 0.208\,342;$$
$$K_4 = 0.002\,241。$$

可知,$K_2 > K_3 > K_1 > K_4$,与应用模糊物元关联分析方法得出的结论一致。所以在上述讨论到的两种计算关联度的方法在实际应用中都是可行的。

4.3 多目标模糊物元遗传算法求解技术[24][25]

4.3.1 多目标模糊物元优化方法

大多数的设计问题追求的目标并不仅仅是单一的。例如,设计

一台减速器,希望它重量最轻,承载能力最强,寿命最长,稳定性最好等。这种同时要求几项设计指标到达最优的问题,称为多目标优化问题。多目标优化问题的数学模型的一般形式为:

$$
\left.
\begin{aligned}
&\text{求 } X = (x_1, x_2, \cdots, x_n)^T \\
&\min F_1(X) = [f_1(X), f_2(X), \cdots, f_r(X)]^T \\
&\max F_2(X) = [f_{r+1}(X), f_{r+2}(X), \cdots, f_I(X)]^T \\
&\text{s. t. } g_j(X) \leqslant 0 \quad j = 1, 2, \cdots, 5
\end{aligned}
\right\} \tag{4.23}
$$

式中,各分目标函数 $f_1(X), f_2(X), \cdots, f_I(X)$ 所表达的指标往往是相互矛盾的,即各分目标的最优点往往不是同一点,很难使各分目标函数同时达到最优,而且大多数的多目标优化问题根本不存在这种意义下的最优解,需要统筹协调,以取得符合工程实际的最优方案[10]。

如果用多目标优化设计目标名称作为物元的特征,目标函数值作为物元的量值,则多目标优化物元模型为:

$$
R = \begin{bmatrix}
M & c_1 & f_1(X) \\
 & c_2 & f_2(X) \\
 & \cdots & \cdots \\
 & c_I & f_I(X)
\end{bmatrix} \tag{4.24}
$$

其中,M 为待优化设计的产品方案名称,c_i 为第 i 个分目标的名称,X 为设计变量的列向量,$f_i(X)$ 为第 i 个目标函数。则式(4.24)对应的模糊物元模型为:

$$
\widetilde{R}_I = \begin{bmatrix}
 & M \\
c_1 & \mu(f_1(X)) \\
c_2 & \mu(f_2(X)) \\
\cdots & \cdots \\
c_I & \mu(f_I(X))
\end{bmatrix} \tag{4.25}
$$

其中，$\tilde{R}_I$ 表示 I 维待优化设计产品的模糊物元；c_i 为第 i 个分目标的名称；$\mu(f_i(X))$ 表示产品 M 第 i 个分目 c_i 相应量值 $f_i(X)(i=1, 2, \cdots, I)$ 的从优隶属度（简称优属度），$\mu(f_i(X)) \in [0,1]$。

如果 $f_i(X)$ 是常规的数学函数表达式，可得到如下的优度隶属函数

$$\mu(f_i(X)) = \begin{cases} \dfrac{f^*_{imax} - f_i(X)}{f^*_{imax} - f^*_{imin}} & i=1, 2, \cdots, r \\[4mm] \dfrac{f_i(X) - f^*_{imin}}{f^*_{imax} - f^*_{imax}} & i=r+1, r+2, \cdots, I \end{cases}$$

(4.26)

其中 f^*_{imin} 为第 i 个目标的理想最小值；f^*_{imax} 为第 i 个目标的理想最大值，$i=1, 2, \cdots, I$。

如果 $f_i(X)$ 是一个定性评语的集合，则需将这些定性评语数量化，分别用一些属于[0，1]区间的数值来表示，如表 4.1 给出了一个关于稳定性评语数量化的例子。

表 4.1　定性评语数量化

好	较好	一般	较差	差
0.9	0.75	0.6	0.45	0.3

在优化设计过程中，各个分目标都占有各自的权重。若以 R_λ 表示方案模糊物元各个分目标的权重复合物元，并以 $\lambda_i(i=1, 2, \cdots, I)$ 表示各个分目标的权重，则有：

$$R_\lambda = \begin{bmatrix} & c_1 & c_2 & \cdots & c_I \\ \lambda_i & \lambda_1 & \lambda_2 & \cdots & \lambda_I \end{bmatrix}$$

(4.27)

我们将关联度作为判断方案优劣的标准，方案的关联度越大就

表示该方案越优。关联度 k 的计算公式为：

$$K(X) = \sum_{i=1}^{I} \xi_i \lambda_i \qquad (4.28)$$

或

$$K(X) = \left\{ 1 + \left[\frac{\left[\sum\limits_{i=1}^{I} \lambda_i (1-\xi_i) \right]^2}{\sum\limits_{i=1}^{I} \lambda_i \xi_i} \right] \right\}^{-1} \qquad (4.29)$$

其中 ξ_i 为关联系数，由关联变换 $\xi_i = \mu(f_i(X))$ 得到。

则式（4.23）的多目标优化问题转化为如下式的单目标优化问题：

$$\begin{aligned}
&X = (x_1, \ x_2, \ \cdots, \ x_n)^T \\
&\max k(X) \\
&\text{s. t. } g_j(X) \leqslant 0 \qquad j = 1, \ 2, \ \cdots, \ J
\end{aligned} \qquad (4.30)$$

上式的最优解是式（4.23）的有效解或弱有效解[11]。

4.3.2　遗传算法的基本原理及其实现步骤[12]

多目标模糊物元优化在一般情况下，其各个分目标函数是难以采用常规的数学函数表达式来表示，甚至有些设计目标函数只能根据实际经验给出评语。遗传算法是一种随机搜索全局优化的进化算法，可以求解优化问题。为了提高遗传算法的进化速度，本文采用自适应宏进化遗传算法（AMGA）[6]，并对 AMGA 作了修改，使产生新个体的个数 u 由交叉概率和突变概率来决定，即 u 在各代中的值可能是不一样的，同时也改进交叉概率和突变概率的自适应函数。提高随机搜索的性能。

4.3.2.1　编码

编码是连接问题与算法的桥梁，对于不同的问题，其编码方式是不一样的。本文主要采用实数编码的方式进行编码。比如在传动方案优化设计时,对两级的传动方案,采用 $X = \{N_1, b_1, N_2, b_2\}$ 进行编码。其中 N_1、N_2 分别代表第一级、第二级的传动机构代号,是从 1 开始的自然数;b_1、b_2 分别代表第一级、第二级的传动比,都是大于 0 的实数。

4.3.2.2 产生初始种群

遗传算法采用群体全局随机搜索技术,初始种群规模为 m,初始群体的产生意味着产生了 m 个初始方案:

方案 M_1——X_1,方案 M_2——X_2,…,方案 M_m——X_m

假设方案 $M_i(i = 1, 2, \cdots, m)$ 有 n 个设计目标,则我们可以将它们表示成 $m \times n$ 的复合模糊物元形式:

$$\widetilde{R}_{mn} = \begin{bmatrix} & M_1 & M_2 & \cdots & M_m \\ c_1 & \mu_{11} & \mu_{21} & \cdots & \mu_{m1} \\ c_2 & \mu_{12} & \mu_{22} & \cdots & \mu_{m2} \\ \vdots & \vdots & \vdots & \cdots & \vdots \\ c_n & \mu_{1n} & \mu_{2n} & \cdots & \mu_{mn} \end{bmatrix} \tag{4.31}$$

其中,$\mu_{ij}(i = 1, 2, \cdots, m; j = 1, 2, \cdots, n)$ 表示第 i 个方案的第 j 项指标的从优隶属度,其余符号同前。可以将各个从优隶属度转化为相对应的关联系数,据此建立关联系数复合模糊物元,记为 $\widetilde{R}_\xi$。

$$\widetilde{R}_\xi = \begin{bmatrix} & M_1 & M_2 & \cdots & M_m \\ c_1 & \xi_{11} & \xi_{21} & \cdots & \xi_{m1} \\ c_2 & \xi_{12} & \xi_{22} & \cdots & \xi_{m2} \\ \vdots & \vdots & \vdots & \cdots & \vdots \\ c_n & \xi_{1n} & \xi_{2n} & \cdots & \xi_{mn} \end{bmatrix} \tag{4.32}$$

其中,ξ_{ij} 表示第 i 个方案的第 j 项指标的关联系数,由关联变换 $\xi_{ij} =$

μ_{ij} 加以确定$(i = 1, 2, \cdots, m; j = 1, 2, \cdots, n)$。

4.3.2.3 适应值函数

适应值评价是遗传算法的一项关键技术。适应值函数的好坏,直接影响优化结果。适应值函数是个体竞争的测度,控制个体的生存机会。若所要解决的是无约束的多目标优化问题,则直接将模糊物元的关联度函数作为适应值函数。若所要求解的多目标优化问题是有约束的,则将关联度经过相应的约束之后的值作为适应值函数。即适应值函数为[13]:

$$eval_i(X) = k_i(X) Pun(X) \qquad i = 1, 2, \cdots, m \qquad (4.33)$$

其中,$Pun(X)$ 为惩罚函数,当 X 属于可行域时,$Pun(X) = 1$;当 X 不属于可行域时,$p(X) < 1$。如对于如下的非线性规划问题:

$$\begin{aligned} \max \quad & f(X) \\ \text{s.t.} \quad & g_j(X) \leqslant B_j; \quad j = 1, 2, \cdots, J \end{aligned} \qquad (4.34)$$

其惩罚函数构成如下:

$$Pun(X) = 1 - \frac{1}{J} \sum_{j=1}^{J} \left(\frac{\Delta B_j(X)}{B_j} \right)^{\alpha} \qquad (4.35)$$

$$\Delta B_j(X) = \max\{0, g_j(X) - B_j\} \qquad (4.36)$$

其中,$\Delta B_j(X)$ 是约束 j 的违反量,α 是用来调节惩罚严厉性的参数。

由于(4.34)式中 $B_j = 0$,故需将约束不等式两边都加上一个不等于零的数,即可应用此法求约束函数。

4.3.2.4 选择算子

在选择过程中,产品方案染色体的适应值提供了选择压力,适应度高的染色有更多的机会被选中。一般个体的选择概率为 $f_i / \sum f_i$,其中 f_i 为个体适应值,$\sum f_i$ 为个体适应值总和。

4.3.2.5 交叉与突变算子

交叉概率 P_c 和突变概率 P_m 在控制遗传算法执行过程中起着重要的作用。它们既是遗传算法有效执行的关键参数，又是敏感的参数。交叉概率 P_c 越大，在种群中越容易引入新的染色体。然而，随着 P_c 的增大，反而越来越容易破坏选择出来的染色体。突变虽然只是一个次要的恢复基因材料的算子，但是突变概率 P_m 的确定对遗传算法执行也是很关键的，它可以有效地阻止算法过早地收敛于局部最优点。但是如果 P_m 过大，遗传算法就变为纯粹的随机搜索算法。如何设置 P_c 和 P_m 是提高遗传算法收敛性能的重要问题。种群的最大适应值和平均适应值的差，$f_{max}-\bar{f}$，对于使种群收敛于最优解的影响要比在解空间分散染色体的影响来得小。因此，P_c 和 P_m 应该依赖于 $f_{max}-\bar{f}$ 值进行变化[14]。

P_c 和 P_m 自适应算法：

$$P_c = \begin{cases} \tau_1(f_{max}-f_c)/(f_{max}-\bar{f}) & f_c > \bar{f} \\ \tau_3 & f_c \leqslant \bar{f} \end{cases} \qquad (4.37)$$

$$P_m = \begin{cases} \tau_2(f_{max}-f_i)/(f_{max}-\bar{f}) & f_i > \bar{f} \\ \tau_4 & f_i \leqslant \bar{f} \end{cases} \qquad (4.38)$$

其中，τ_1,τ_2,τ_3 和 τ_4 小于 1 的常数，用来约束 P_c 和 P_m 使其在 $0.0\sim1.0$ 取值；f_c 是为进行交叉而选择出来的染色体中较大的那个适应值；f_i 是要按 P_m 突变概率进行突变的染色体的适应值。

随着 GA 的收敛，各个染色体之间的相互距离越来越小。第 i 个染色体与其他各个染色体之间的规范化距离之和记为：

$$\widetilde{C}(f_i) = \frac{\sum_{j=1}^{n}|f_i-f_j|}{(n-1)\max_j|f_i-f_j|}, \qquad i \neq j \qquad (4.39)$$

这样 $\widetilde{C}(f_i)$ 约束在区间 $(0,1)$ 内。可以有效地运用 $\widetilde{C}(f_i)$ 调整突变操

作。当 $\tilde{C}(f_i)$ 越大,说明染色体偏离种群越远,因此赋予更大的突变概率。则 P_m 可以改写为:

$$P_m = \begin{cases} \tau_2 (f_{max} - f_i) \, \tilde{C}(f_i) / (f_{max} - \bar{f}) & f_i > \bar{f} \\ \tau_4 & f_i \leqslant \bar{f} \end{cases} \qquad (4.40)$$

从式(4.39)和(4.40)中可以看出,适应值高染色体被保护起来,而完全淘汰低于平均适应值的染色体。

4.3.2.6 终止准则

GA 反复执行适应度评价和选择、交叉、变异遗传算子,直至满足某个收敛准则。收敛准则主要有:① GA 已找到能接受的优秀个体;② GA 已进化了预定的最大代数;③ 在预定的代数内最适应个体的适应度无改进;④ 最适应个体占群体的比例已达到规定的比例。准则②相对其他 3 种准则而言比较简单,因此本文采用准则②作为算法的进化终止准则。

4.3.3 三种多目标优化算法验证与比较

给定多目标优化数学模型如式(4.41),分别采用以下三种不同方法求解,以验证所提出的遗传算子修改策略的可行性和先进性。

$$\min \quad f_1(X) = 0.5(x_1^2 + x_2^2) + \sin(x_1^2 + x_2^2),$$

$$\min \quad f_2(X) = \frac{(3x_1 - 2x_2 + 4)^2}{8} + \frac{(x_1 - x_2 + 1)^2}{27} + 15, \qquad (4.41)$$

$$\min \quad f_3(X) = \frac{1}{x_1^2 + x_2^2 + 1} - 1.1 e^{(-x_1^2 - x_2^2)}$$

$$x_1, x_2 \in [-3, 3]$$

4.3.3.1 模糊物元优化方法的数学模型

多目标优化问题可以化为如下的单目标优化问题:

$$X = [x_1, x_2]$$

$$\max \quad k(X) = \sum_{i=1}^{3} \lambda_i \mu(f_i(X)) \qquad (4.42)$$

$$x_1, x_2 \in [-3, 3]$$

其中，w_i 为第 i 个分目标函数的权重，$\mu(f_i(X))$ 为第 i $(i = 1, 2, 3)$ 个分目标函数的模糊量值，由下式确定

$$\mu(f_i(X)) = \frac{f_{i\max}^* - f_i(X)}{f_{i\max}^* - f_{i\min}^*} \qquad (4.43)$$

其中，$f_{i\max}^*$、$f_{i\min}^*$ 分别为第 i 个目标函数的最大值和最小值。

4.3.3.2 线性加权法的模型

线性加权法的优化数学模型如下：

$$X = [x_1, x_2]$$

$$\min \quad f(X) = \sum_{i=1}^{3} \lambda_i f_i(X) \qquad (4.44)$$

$$x_1, x_2 \in [-3, 3]$$

其中，λ_i 为第 i 个分目标函数的权重。

4.3.3.3 模糊优化方法的数学模型[15]

建立模糊优化方法的数学模型为：

$$X = [x_1, x_2]$$

$$\max \quad \gamma$$

$$\text{s. t.} \quad \mu_{\widetilde{fi}}(X) \geqslant \gamma \quad i = 1, 2, 3 \qquad (4.45)$$

$$0 \leqslant \gamma \leqslant 1, \ x_1, x_2 \in [-3, 3]$$

其中 γ 为水平截，$\mu_{\widetilde{fi}}(X)$ 为 $f_i(X)$ $(i = 1, 2, \cdots, I)$ 的隶属度函数，由式(4.43)确定。

4.3.3.4 三种方法计算结果的比较

对于模糊物元优化方法和线性加权法，取各个分目标的权重相

等,即 $\lambda_1 = \lambda_2 = \lambda_3 = 1/3$。三种方法计算结果见表 4.2。

表 4.2　模糊物元法、线性加权法模糊优化法的计算结果

	x_1	x_2	$f_1(X)$	$f_2(X)$	$f_3(X)$	γ
模糊物元法	−0.056 926	0.038 331	0.007 065	16.790 530	−0.099 519	—
线性加权法	−0.455 427	0.305 328	0.446 450	15.513 718	−0.045 527	—
模糊优化法	−0.216 302	0.124 187	0.093 273	16.219 469	−0.092 221	0.974 054
理想解	—	—	−0.0	15.0	−0.1	1.0

若将非劣解接近理想解的程度用模糊数学中的隶属度来表示,则越接近理想解的非劣解其隶属度越高,反之,隶属度越低。理想解的隶属函数值为 1(对于自身的隶属度),非劣解的隶属度总在 0 到 1 之间变化,根据事物的随机性可知,非劣解各分目标函数值总是分布在理想解相应分目标函数的左右[9]。根据表 4.2 中数据的实际情况,确定其隶属度函数为:

$$\theta(f_{ri}) = \frac{1}{1 + \left(\dfrac{f_{ri} - f_i^*}{1 + f_i^*}\right)^2} \tag{4.46}$$

式中 $\theta(f_{ri})$ 为第 $r(r = 1, 2, 3)$ 组非劣解中第 i 个目标函数值对其理想解的隶属函数值。将表 4.2 的数据代入公式(4.46)计算出各个函数的隶属度如表 4.3 所示。

表 4.3　模糊物元法、线性加权法与模糊优化法的比较结果

	$\theta(f_{r1})$	$\theta(f_{r2})$	$\theta(f_{r3})$	$\sum\theta(f_{ri})$
模糊物元法	0.999 950	0.987 631	1.000 000	2.987 581
线性加权法	0.833 807	0.998 970	0.996 350	2.829 128
模糊优化法	0.991 375	0.994 225	0.999 925	2.985 525

从表 4.2 和 4.3 可知，模糊物元优化方法求出的结果要比线性加权法和模糊优化法求出的结果都要好，因此模糊物元优化方法是可行的、有效的，并具有优越性。

4.3.4　遗传算子不同改进方法的比较

对于(4.41)的多目标优化问题，应用模糊物元优化方法转化单目标优化方法，将其关联度函数作为适应值函数，分别采用简单遗传算法(SGA)、自适应宏进化遗传算法(AMGA)和改进的自适应宏进化遗传算法(MAMGA)进行求解。采用实数编码，串长为 2，取初始种群规模为 20，最大迭代代数为 500 代。

在简单遗传算法求解过程中，取交叉概率 $P_c = 0.85$，突变概率 $P_m = 0.1$。

在 AMGA 求解过程中，取交叉概率 $P_c^{[114]}$ 为：

$$P_c = \begin{cases} 0.85(f_{max} - f_c)/(f_{max} - \bar{f}), & f_c > \bar{f} \\ 1.0, & f_c \leqslant \bar{f} \end{cases} \tag{4.47}$$

取突变概率 $P_m^{[16]}$ 为

$$P_c = \begin{cases} 0.5(f_{max} - f_i)/(f_{max} - \bar{f}), & f_c > \bar{f} \\ 0.05, & f_c \leqslant \bar{f} \end{cases} \tag{4.48}$$

在 MAMGA 求解过程中，交叉概率 P_c 和突变概率 P_m 分别为

$$P_c = \begin{cases} 0.3\dfrac{f_c - \bar{f}}{f_{max} - \bar{f}} + 0.2\dfrac{T-t}{T} + 0.5 & f_c > \bar{f} \\ 0.7\dfrac{T-t}{T} & f_c \leqslant \bar{f} \end{cases} \tag{4.49}$$

$$P_m = \begin{cases} 0.02 \dfrac{f_{\max} - f_i}{f_{\max} - \bar{f}} + 0.03 \dfrac{T-t}{T} & f_i > \bar{f} \\[3mm] 0.05 + 0.05 \dfrac{T-t}{T} & f_i \leqslant \bar{f} \end{cases} \quad (4.50)$$

采用上述三种算法通过 VC＋＋编程,求出的结果如表 4.4 所示。图 4.2 显示了这三种算法的前 50 步迭代的最大适应值变化曲线。

表 4.4　各种遗传算法的计算结果

	x_1	x_2	$f_1(X)$	$f_2(X)$	$f_3(X)$	适应值	代数
SGA	−0.053 011	0.039 644	0.006 573	16.799 272	−0.099 553	0.986 598	492
AMGA	−0.056 531	0.035 701	0.006 705	16.796 786	−0.099 544	0.986 599	270
MAMGA	−0.056 926	0.038 331	0.007 065	16.790 530	−0.099 519	0.986 601	168

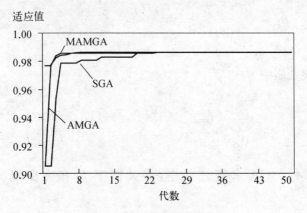

图 4.2　最大适应值变化曲线

从表 4.4 和图 4.2 可以看出,本文改进的自适应宏进化遗传算法(MAMGA)比其他两种算法都好。MAMGA 大大提高了效率,它找到有效解时,所需的迭代代数是简单遗传算法的 34.1%,而且求出的最好适应值也比简单遗传算法求出的高。比较 MAMGA 与 AMGA 的计算结果和计算过程,可知通过交叉概率和突变概率计算公式的改进,不但使优化结果优于原算法,而且,达到有效解的迭代代数只是前人提出的自适应遗传算法的 62.2%。

4.4 机械传动方案的模糊物元遗传算法求解[26]

4.4.1 传动方案的多目标模糊物元优化模型

传动方案优化设计目标对应的模糊物元 $\tilde{R}$ 为:

$$\tilde{R} = \begin{bmatrix} & M \\ 传动效率\, c_1 & \mu_1 \\ 工作平稳性\, c_2 & \mu_2 \\ 使用寿命\, c_3 & \mu_3 \\ 环境适应性\, c_4 & \mu_4 \\ 成本\, c_5 & \mu_5 \end{bmatrix} \tag{4.51}$$

其中 $c_i(i = 1, 2, \cdots, 5)$ 表示第 i 项特征;μ_i 表示产品 M 第 i 项特征 c_i 的模糊量值,$\mu_i \in [0, 1]$。

R_λ 表示方案模糊物元各项特征的权重复合物元,$\lambda_i(i = 1, 2, \cdots, 5)$ 表示方案各个指标的权重

$$R_\lambda = \begin{bmatrix} & c_1 & c_2 & c_3 & c_4 & c_5 \\ \lambda_i & \lambda_1 & \lambda_2 & \lambda_3 & \lambda_4 & \lambda_5 \end{bmatrix} \tag{4.52}$$

判断一个产品的优劣,看它与理想中产品的关联性大小,即关联度。关联度越大表示方案越优。可按下式计算出关联度 K

$$K = \sum_{i=1}^{5} \mu_i \lambda_i \tag{4.53}$$

则方案的多目标设计就是求出一个方案,使得

$$\max \quad K \tag{4.54}$$

4.4.2　基于遗传算法的传动方案优化设计求解过程

4.4.2.1　传动方案编码表示和初始种群的生成

对于机械传动方案设计,一个染色体表示一个传动方案[17][18]。传动方案的每一级传动机构由两个基因为组成。第一个基因位表示传动机构的代号,传动机构代号与传动机构名称是一一对应的关系,传动机构代号的产生限制在数据库中现有的代号里面。第二个基因位表示该传动构的传动比,对于每一种传动机构,都有传动比取值范围,因此,传动比基因的产生也被限制在常用许可传动范围之内。表 4.5 给出了各种传动机构代号、名称、常用传动比范围和最大传动比。设定种群的大小为 m,随机产生 m 个染色体,则表示产生 m 个初始传动方案。表 4.6 给出了其中几种传动方案的染色体和含义。

表 4.5　各种传动机构的基因代号与许可传动比

机 构 代 号	机 构 名 称	常用传动比范围	最大传动比
1	普通平带传动	2～4	6
2	普通 V 型带传动	2～4	15
3	摩擦轮传动	2～6	20
4	滚子链传动	2～5	10
5	齿形链传动	2～5	10
6	圆柱齿轮传动	3～5	10
7	圆锥齿轮传动	2～3	8
8	蜗杆传动	7～40	80
9	行星齿轮传动	3～83	500
…	…	…	…

表 4.6 传动方案染色体及其含义

染 色 体 代 码	含　　义
{ 7,3.54,6,3.48 }	第一级为圆锥齿轮传动,传动比为 3.54; 第二级为圆柱齿轮传动,传动比为 3.48。
{ 2,2.17,7,5.68 }	第一级为普通 V 型带传动,传动比为 2.17; 第二级为圆锥齿轮传动,传动比为 5.68。
{1,3.86,6,3.19 }	第一级为普通平带传动,传动比为 3.86; 第二级为圆柱齿轮传动,传动比为 3.19。
{5,2.68,8,4.59 }	第一级为齿形链传动,传动比为 2.68; 第二级为蜗杆传动,传动比为 4.59。
...	...

4.4.2.2　适应值的计算

适应值用以检测一个特定染色体所表示的方案的优劣程度,本文采用传动方案的关联度经过相应约束之后的值作为方案染色体的适应值,计算方法如下。

1. 计算关联度

传动方案的每一级传动机构自身就是一个模糊物元。取传动方案的第 i（$i=1,2,\cdots,5$）个特征模糊量值 μ_i 为两级传动机构的第 i 个特征模糊量值的平均值：

$$\mu_i = \frac{\mu_{1i}+\mu_{2i}}{2} \tag{4.55}$$

其中,μ_{1i}、μ_{2i} 分别为第一、二级传动机构的第 i 个特征模糊量值。用 0.3、0.6、0.9 等模糊值来表示传动机构各个特征量值的优中劣等级。两级传动方案的关联度 k 为:

$$K = \sum_{i=1}^{5} \frac{\mu_{1i}+\mu_{2i}}{2} \cdot \lambda_i \tag{4.56}$$

其中，λ_i' 为第 i 项指标的权重。对于不同的设计要求和设计参数，各个特征的权重是不同的，采用层次分析法来确定。

2. 确定传动比约束量

对于每一级传动机构都有其传动比的常用许可范围和最大传动比，设常用传动比的范围为区间 $[a,b]$，最大传动比为 b_{max}，则传动比的约束函数为：

$$g_b(x) = \begin{cases} \dfrac{x}{a}, & 0 < x < a \\ 1, & a \leqslant x \leqslant b \\ \dfrac{b_{max} - x}{b_{max} - b}, & b \leqslant x \leqslant b_{max} \\ 0, & \text{其他} \end{cases} \tag{4.57}$$

两级传动方案的传动比模糊约束量 v_b 为：

$$v_b = \sqrt{g_b(b_1)g_b(b_2)} \tag{4.58}$$

同时还要考虑两级传动比分配的合理性，比如两级圆柱齿轮，当两级齿轮材质相同，齿宽系数相同时，为了使高、低速级大齿轮浸油深度大致相近，应使两大齿轮分度圆直径接近且低速级大齿轮直径略大[19]。传动比可按下式分配：

$$b_1 = (1.3 \sim 1.5)b_2 \tag{4.59}$$

则建立两级展开式圆柱齿轮的传动比分配模糊约束量 v_f 为：

$$v_f = \begin{cases} \dfrac{b_1}{1.3b_2}, & \dfrac{b_1}{b_2} < 1.3 \\ 1, & 1.3 \leqslant \dfrac{b_1}{b_2} \leqslant 1.5 \\ \dfrac{1.5b_2}{b_1}, & \dfrac{b_1}{b_2} > 1.5 \end{cases} \tag{4.60}$$

对于两级同轴式圆柱齿轮减速器,两级传动比可取为 $b_1 = b_2 = \sqrt{i}$ (i 为减速器的总传动比)。则建立两级同轴式圆柱齿轮的传动比分配模糊约束量 v_f 为:

$$v_f = \begin{cases} \dfrac{b_1}{b_2}, & b_1 < b_2 \\[2mm] \dfrac{b_2}{b_1}, & b_2 < b_1 \end{cases} \tag{4.61}$$

对于圆锥圆柱齿轮减速器,为便于大锥齿轮的加工,应使大锥齿轮的尺寸不致过大,一般限制圆锥齿轮的传动比 $b_1 \leqslant 3$。当希望两级传动的大齿轮浸油深度相近时,允许 $b_1 \leqslant 4$。又因为圆锥齿轮传动机构的最大传动比为 10。可以建立圆锥圆柱齿轮减速器的传动比分配模糊约束量 v_f 为:

$$v_f = \begin{cases} 1, & b_1 \leqslant 3 \\[1mm] 0.2(4 - b_1) + 0.9, & 3 < b_2 \leqslant 4 \\[1mm] \dfrac{3(10 - b_1)}{20}, & 4 < b_2 \leqslant 10 \\[1mm] 0, & b_1 > 10 \end{cases} \tag{4.62}$$

对于齿轮蜗杆减速器,为获得较紧凑的箱体结构和便于箱体润滑,通常取齿轮传动的传动比 $b_1 = 2 \sim 2.5$。则:

$$v_f = \begin{cases} \dfrac{b_1}{2}, & b_1 < 2 \\[2mm] 1, & 2 \leqslant b_1 \leqslant 2.5 \\[2mm] \dfrac{2.5}{b_1}, & b_1 > 2.5 \end{cases} \tag{4.63}$$

对于蜗杆齿轮减速器,可取齿轮传动比 $b_2 = (0.03 \sim 0.06)i$。

$$v_f = \begin{cases} \dfrac{b_2}{0.03i}, & \dfrac{b_2}{i} < 0.03 \\ 1, & 0.03 \leqslant \dfrac{b_2}{i} \leqslant 0.06 \\ \dfrac{0.06i}{b_2}, & \dfrac{b_2}{i} > 0.06 \end{cases} \tag{4.64}$$

减速器传动比的分配原则除了上述原则外,还应考虑各传动零件的尺寸协调,传动零件之间不应发生相互干涉等问题。

3. 确定传动效率约束量

传动方案的传动效率为:

$$\eta = \eta_l^m \eta^n \eta_1 \eta_2 \tag{4.65}$$

其中,η_l 是联轴器传动效率,$m(m = 0, 1 \text{或} 2)$ 为联轴器个数;η_z 表示方案中轴承对的传动效率,$n(n = 0, 1, 2 \text{或} 3)$ 为传动方案中轴承的对数;η_1、η_2 分别表示第一、二级传动机构的传动效率。

设最小许可传动效率为 η_0,则传动效率模糊约束量 v_η 为:

$$v_\eta = \begin{cases} 1, & \eta \geqslant \eta_0 \\ \dfrac{\eta}{\eta_0}, & \eta < \eta_0 \end{cases} \tag{4.66}$$

4. 确定宽度尺寸约束量

将宽度尺寸设计要求分为 3 个等级,即宽大、一般、紧凑,对应的模糊量值为 0.3、0.6、0.9。当选定宽度尺寸设计要求后,对应的模糊量值是确定的,记为 d_0。设 d_1、d_2 分别为第一、二级传动机构的尺寸宽度模糊量值,则宽度尺寸模糊约束量 v_d 为:

$$v_d = \begin{cases} 1, & d_1 \wedge d_2 \geqslant d_0 \\ \dfrac{d_1 \wedge d_2}{d_0}, & d_1 \wedge d_2 < d_0 \end{cases} \tag{4.67}$$

其中，$d_0 \in \{0.3, 0.6, 0.9\}$。

5. 确定工作环境约束量

工作环境状况也分为 3 个等级，即良好、一般、恶劣，对应的模糊量值为 0.3、0.6、0.9。当选定工作环境状况后，对应的模糊量值也是确定的，记为 h_0。设 h_1、h_2 分别为第一、二级传动机构的环境适应性的模糊量值，则工作环境的模糊约束量 v_h 为：

$$v_h = \begin{cases} 1, & h_1 \wedge h_2 \geqslant h_0 \\ \dfrac{h_1 \wedge h_2}{h_0}, & h_1 \wedge h_2 < h_0 \end{cases} \tag{4.68}$$

其中，$h_0 \in \{0.3, 0.6, 0.9\}$。

综上所述，可以得到传动方案的适应值 F 为：

$$F = K v_b v_f v_\eta v_d v_h \tag{4.69}$$

按上述方法可以求得各个传动方案染色体的适应值。记第 $j\ (j = 1, 2, \cdots, m)$ 方案染色体的适应值为 F_j。

4.4.2.3 遗传操作算子[20]

1. 选择算子

选择就是从群体中选取适应值高的染色体，作为繁殖子代的双亲。选择的规则是：适合度 F_j 越大的个体，有更大的选中概率 P_j，一般 $P_j \propto F_j$。

2. 交叉算子

由于要求传动方案的总传动比在遗传操作过程中不变，因此需要将交叉算法作一些相应的改进，具体方法如下。

设传动机构的总传动比为 i，要对图 4.3(a) 的两条染色体进行交叉，有 3 种可能的交叉结果，如图 4.3(b—d)所示。

当在 1 点交叉的时候，结果如图 4.3(b)所示，由于交叉后各个个体的总传动比没有改变，不用调整交叉后的染色体的传动比基因位。当在 2、3 点交叉的时候，结果分别为如图 4.3(c、d)所示，各个个体的

总传动比发生了变化,要对传动比进行重新分配:

$$\{1, \mid b_1, \mid 2, \mid b_2\} \qquad\qquad \{1, b_3, 4, b_4\}$$
$$\{3, \mid b_3, \mid 4, \mid b_4\} \qquad\qquad \{3, b_1, 4, b_2\}$$

$$1 \quad 2 \quad 3 \qquad\qquad\qquad \text{(b) 在 1 点交叉后}$$
(a) 交叉前的染色体 　　　　　 的染色体

$$\{1, b'_1, 4, b'_4\} \qquad\qquad \{1, b'_1, 2, b'_4\}$$
$$\{3, b'_3, 2, b'_2\} \qquad\qquad \{3, b'_3, 4, b'_2\}$$

(c) 在 2 点交叉后的染色体 　　　 (d) 在 3 点交叉后的染色体

图 4.3 染色体交叉过程

$$b'_1 = \frac{b_1}{b_1 + b_4} i \tag{4.70}$$

$$b'_2 = \frac{b_2}{b_2 + b_3} i \tag{4.71}$$

$$b'_3 = \frac{b_3}{b_2 + b_3} i \tag{4.72}$$

$$b'_4 = \frac{b_4}{b_1 + b_4} i \tag{4.73}$$

交叉概率采用自适应方法:

$$P_c = \begin{cases} 0.3 \dfrac{f_c - \bar{f}}{f_{\max} - \bar{f}} + 0.2 \dfrac{T-t}{T} + 0.5 & f_c > \bar{f} \\[3mm] 0.7 \dfrac{T-t}{T} & f_c \leqslant \bar{f} \end{cases} \tag{4.74}$$

其中 T 为最大迭代代数,t 为当前迭代代数,f_c 是为进行交叉而选择出来的染色体中较好的那个适应值,$f_{\max}$ 为最大染色体适应值,$\bar{f}$ 为所有染色体的平均适应值。

3. 突变算子

突变增加了群体基因的多样性,增加了自然选择的余地,也控制了算法早熟现象。如果突变操作发生在方案染色体的机构代码基因位,方案染色体的总传动比没有变,则不用调整染色体的传动比基因。如果突变操作发生在传动比基因位,方案染色体的总传动比发生了变化,则需要对总传动比进行调整。例如对染色体 $\{1,b_1,2,b_2\}$ 进行突变操作变为 $\{1,b'_1,2,b'_2\}$,先随机产生突变位的传动比基因 $b'_i(i=1,2)$,再求出另一个传动比基因 $b'_j(j=2,1)$,即

$$b'_j = \frac{i}{b'_i} \quad (i \neq j) \tag{4.75}$$

其中 i 为总传动比。

突变概率 P_m 一般在 0.0—0.1 之间取值[7]。本文采用自适应方法,P_m 为:

$$P_m = \begin{cases} 0.06 \cdot \dfrac{f_{\max} - f_i}{f_{\max} - \bar{f}} + 0.04\,\dfrac{T-t}{T} & f_i > \bar{f} \\[2mm] 0.06 + 0.04\,\dfrac{T-t}{T} & f_i \leqslant \bar{f} \end{cases} \tag{4.76}$$

4.4.3　减速器设计实例

设计传动方案,设计要求为:输入转速 960 r/min;输出转速 78 r/min;传动功率 4.3 kW;传动效率不小于 0.85;工作尺寸紧凑;工况一般。

选择传动方案的:① 传动效率高、② 工作平稳性好、③ 使用寿命长、④ 环境适应性好、⑤ 成本低等指标作为设计目标。按上文提出的遗传策略进行求解,种群规模为 $m=20$,最大代数为 200 代。

下面以第一个染色体——两级圆柱齿轮传动方案为例说明适应值的计算步骤。

Step 1　确定权重复合物元

根据设计要求,利用层次分析法得到权重复合物元为:

$$R_\lambda = \begin{bmatrix} & c_1 & c_2 & c_3 & c_4 & & c_5 \\ \lambda_i & 0.264 & 0.154 & 0.147 & 0.154 & & 0.281 \end{bmatrix}$$

Step 2　计算关联度

圆柱齿轮传动机构的模糊物元为：

$$\widetilde{R} = \begin{bmatrix} & M \\ \text{传动效率} c_1 & 0.99 \\ \text{工作平稳性} c_2 & 0.60 \\ \text{使用寿命} c_3 & 0.90 \\ \text{环境适应性} c_4 & 0.60 \\ \text{成本} c_5 & 0.60 \end{bmatrix}$$

根据式(4.56)算出第一个方案的关联度：

$$K_1 = 0.736\,500$$

Step 3　计算传动比约束量

圆柱齿轮传动，单级传动比常用值为 $3\sim5$，最大值为 $10^{[10]}$。由式(4.57)、(4.58)和(4.60)求出：

$$v_{b1} = 0.827\,353$$
$$v_{f1} = 0.318\,530$$

Step 4　计算传动效率约束量

对于两级圆柱齿轮传动方案使用一个联轴器，3 对轴承和两级圆柱齿轮传动，算出传动效率为：

$$\eta = \eta_l \eta_z^3 \eta_1 \eta_2 = 0.99 \times 0.988^3 \times 0.95 \times 0.95 = 0.861\,694$$

根据设计要求，$\eta_0 \geqslant 0.85$，则由式(4.66)求出：

$$v_{\eta 1} = 1.0$$

Step 5　计算宽度尺寸约束量

设计要求工作尺寸紧凑，则取 $d_0 = 0.90$，圆柱齿轮传动的外廓

尺寸的模糊量值为 0.90,传动方案的两级都是圆柱齿轮传动,则由式 (4.67)求出:

$$v_{d1} = 1.0$$

Step 6   计算工作环境约束量

设计要求工况一般,则取 $h_0 = 0.60$,圆柱齿轮传动的环境适应性的模糊量值为 0.60,传动方案的两级都是圆柱齿轮传动,则由式 (4.68)求出:

$$v_{h1} = 1.0$$

Step 7   计算适应值

由式(4.69)求得第一个方案的适应值 F_1 为:

$$F_1 = 0.194\,095$$

最后一代种群其他各个染色体的适应值都按上述计算方法进行计算,将它们按适应值的大小进行排序,从中找出适应值最大的染色体,得到最优方案结果如表 4.7 和图 4.4 所示。

表 4.7   传动方案参数

参数 ＼ 轴名	电机轴	Ⅰ轴	Ⅱ轴	Ⅲ轴	工作轴
转速 r/min	960	960	240	77.9	77.9
传动比	1.00	4.00	3.08	1.00	

将改进的自适应宏进化遗传算法 (MAMGA)与简单遗传算法(SGA)进行比较。其中,SGA 取交叉概率 $P_c = 0.85$,突变概率 $P_m = 0.1$;MAMGA 取 P_c 和 P_m 分别为式(4.72)和(4.74)。两者的最大适应值变化曲线如图 4.5 所示。

从图中可以看出两种方法都找到了相同

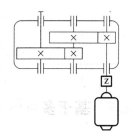

图 4.4   传动方案简图

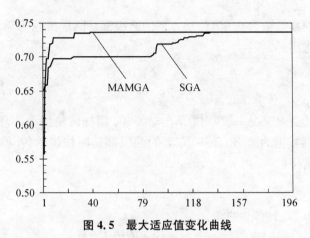

图 4.5　最大适应值变化曲线

的最优传动方案,但 MAMGA 明显比 SGA 具有优势,因为 MAMGA
在第 39 代就得到最优方案,而 SGA 则经过 138 次迭代,才找到最优
方案。可见,MAMGA 大大地提高优化效率。

表 4.8 给出了最后一代种群的其中 5 个方案个体及其适应值。
其中,4 代表滚子链传动机构,6 代表圆柱齿轮传动机构,7 代表圆锥
齿轮传动机构。

表 4.8　最后一代种群及其适应值

No.	染　色　体	适　应　值
1	{6,2.257 538,6,5.451 820}	0.194 095
2	{4,3.037 436,6,4.052 000}	0.424 691
3	{6,2.692 424,7,4.571 231}	0.293 865
4	{6,3.617 390,6,3.402 368}	0.602 342
5	{6,4.001 400,6,3.075 846}	0.736 500

4.5　基于多目标模糊优化的柔性放大机构创新设计

柔性结构是指在输入力(位移)作用下,通过构件变形而产生输

出位移(力)的一种结构形式。柔性结构的设计不仅要求其能产生一定的形变以满足其设计的运动要求,同时须通过其结构传递一个力作为机构的输出力。如果设计时只追求输出端变形量,结构本身可能由于刚性太差而不能承受额定的载荷;另一方面,若设计时为传递力而只注重于提高结构的整体刚性,则为达到设计所需的形变量必须施加以较大的输入力,导致了效率下降。因此柔性结构的设计是一个多目标优化问题。

图 4.6 设计一个直线运动放大器柔性结构,要求放大比大于 20,该问题属于二维平面构件的拓扑优化问题,优化的过程就是重新设计各杆件直至整个机构性能达到最佳的过程。假设该放大机构具有对称性,可取其中的一半进行优化设计[128]。

图 4.6 直线运动放大器柔性机构模型

4.5.1 建立多目标模糊优化设计模型

优化设计目的是在满足给定的约束条件下,得到最大的输出力或输出位移。通过驱动器给机构输入力 F_{in}(即零变形时的最大输入力)和输入位移 Y_{in}。当柔性机构与直线驱动器连接时,便产生出新的驱动力 F_{out} 和新的输出位移 Y_{out}。因此,柔性机构能按照要求获得相应放大倍数的输出力或输出位移。现以放大倍数 A 作为衡量机构性能的指标:

$$A = \frac{Y_{out}}{Y_{out}} \tag{4.77}$$

为测定力的输入输出比率,将系数 M_{YF} 定义为输入与输出的力与位移的变化率:

$$M_{\mathrm{YF}} = \sqrt{\frac{Y_{out}F_{in}}{Y_{in}F_{out}}} \tag{4.78}$$

本文设计全新的柔性放大机构的拓扑结构,与传统的连杆机构有本质不同,实现了一种全新的结构创新设计过程。为此,该初始拓扑结构采用图 4.7 所示[22]。一般形式作为优化的初始结构。

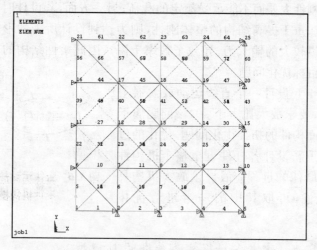

图 4.7 平面杆件的初始结构

将平面构件离散化,应用有限元方法分析梁构件结构,则该问题的多目标优化模型表示如下

$$X = [x_j, y_k]^T, x_{min} \leqslant x_j \leqslant x_{max}, \ y_{min} \leqslant y_k \leqslant y_{max}$$

$$\text{Max} \, f(X) = \left\{ \left[F_{out} Y_{out} - P \left(\frac{Y_{out}}{Y_{in}} - A^* \right)^2 \right], \frac{1}{N} \right\}^T (N > 0)$$

(4.79)

$$\text{s. t.} \, \widetilde{\sigma}_y - \widetilde{\sigma}_{out} \leqslant 0$$

$$Y - Y_{allow} \leqslant 0$$

$$h_{min} \leqslant h_i \leqslant h_{max}$$

其中,设计变量包括杆构件节点位置坐标 x_j 和 x_k,约束条件包括单元高度 h_i,应力 σ 和驱动行程 Y。最大驱动行程受 Y_{allow} 的限制。

A^* 为要求的放大系数,它受惩罚系数 B 限制,B 通常根据经验选择。为了满足所要求的放大系数,本文采用最大输出位移与输出力。根据欧拉定律,将杆件的最大轴向应力限制在许用应力范围之内,并在整个空间优化的过程中适当调整。

由于设计阶段即使同一型号的材料,实际许用应力是按正态分布的,所以将杆件的许用应力值作模糊化处理,相应的优化问题就是一个多目标模糊优化问题。

4.5.2 优化设计结果分析

运用本章提出的多目标模糊优化方法,对该柔性放大机构进行优化设计,从图4.7初始拓扑结构出发,进行优化运算。运算过程中的相对放大值变化曲线如图4.8所示。拓扑优化的中间过程如图4.9所示。经10多代优化运算,可最终得到机构的拓扑结构如图4.10所示(一半结构),其中实线为结构的初始形状,虚线为在输入作用下的输出形态,输入输出位移放大倍数近似为20,由此构成柔性位移放大机构的完整形式如图4.11所示,显示这是一个完全创新的放大机构。

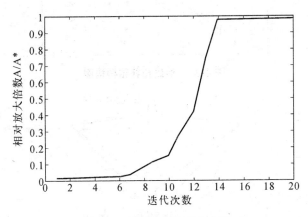

图4.8 相对放大值变化曲线

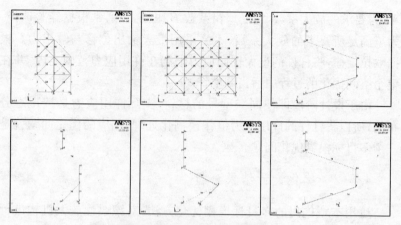

图 4.9　拓扑优化的中间过程

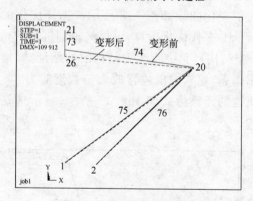

图 4.10　最终拓扑结构构图

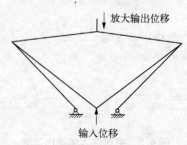

图 4.11　柔性位移放大机构图

4.6　本章小结

在简述模糊物元分析方法基础上,提出基于模糊物元的机械产品方案多目标优化设计方法,文中以加工中心刀库方案设计为例进行了详细地讨论,建立发散树刀库模糊物元模型,并用关联分析验证了模糊物元分析方法在机械产品方案优化设计中的可行性。文中将此方法与常规的线性加权法、模糊优化法进行比较,通过理论分析和实例数据验证此方法的可行性和先进性。

本章改进了遗传算法操作算子,给出概念设计的多目标模糊物元改进自适应宏遗传算法(MAMGA)求解方法,并分别与简单遗传算法(SGA)、自适应宏遗传算法(AMGA)加以比较,证明所提改进方法的有效性。将所提出的优化方法应用于机械传动方案优化设计中,详细地讨论机械传动方案的染色体编码、适应值计算方法和遗传操作算子等,通过实例设计进一步验证所提出方法的可行性。运用本章提出的多目标模糊物元优化方法,在 ANSYS 平台上较好地解决了柔性结构拓扑优化设计问题,实现了直线运动放大机构的创新设计,说明该方法具有重要的理论和应用价值。

参 考 文 献

[1]　张斌,雍歧东,肖芳纯. 模糊物元分析. 北京:石油工业出版社,1997,4

[2]　安二中. 发动机性能的模糊物元综合评价. 机床与液压,2004(10):163~164

[3]　蔡文,杨春燕,林伟初. 可拓工程方法. 北京:科学出版社,1997,10

[4]　Masaomi Tsutsumi, Akinori Saito. Identification of angular and positional deviations inherent to 5‐axis machining centers with a tilting-rotary table by simultaneous four-axis control movements, International Journal of Machine Tools and Manufacture,2004,10(44):1333~1342

[5]　Dan Zhang, Lihui Wang. Conceptual development of an enhanced tripod

mechanism for machine tool. Robotics and Computer-Integrated Manufacturing，2005,(19)：567～576

［6］ 王莲芬，许树柏. 层次分析法引论. 北京：中国人民大学出版社,1990

［7］ 黄洪钟. 模糊设计. 北京：机械工业出版社,1999,12

［8］ Loo Hay Lee, Yingli Fan. Developing a self-learning adaptive genetic algorithm. Proceeding of the 3th World Congress on Intelligent Control and Automation. HeFei：Press of University of Science and Technology of China，2000,619～624

［9］ 邵建敏，张学昌，阎玉光. 机械多目标优化设计中的权值确定. 郑州轻工业学院学报（自然科学版），2001,6：684～686

［10］ Guan-Chun Luh, Chung-Huei Chueh. Multi-objective optimal design of truss structure with immune algorithm Computers & Structures，2004，82(11)：829～844

［11］ Sadan Kulturel-Konak, Alice E. Smith, Bryan A. Norman0. Multi-objective tabu search using a multinomial probability mass function. European Journal of Operational Research，2004,(10)：1～14

［12］ Y. W. Zhao, G. X. Zhang. A New Integrated Design Method Based On Fuzzy Matter-Element Optimization. Journal of Materials Processing Technolog，2002，11(129)：612～618

［13］ Tsutao Katayama, Eiji Nakamachi, Yasunori Nakamura. Development of process design system for press forming—multi-objective optimization of intermediate die shape in transfer forming Journal of Materials Processing Technology，2004，30(155)：1564～1570

［14］ Thanasis Loukopoulos, Ishfaq Ahmad. Static and adaptive distributed data replication using genetic algorithms. Journal of Parallel and Distributed Computing，2004，11(64)：1270～1285

［15］ Ying Xiong, Singiresu S. Rao. Fuzzy nonlinear programming for mixed-discrete design optimization through hybrid genetic algorithm, Fuzzy Sets and Systems，2004,2(146)：67～186

［16］ Q H Wu, Y J Cao and J Y Wen. Optimal reactive power dispatch using an adaptive genetic algorithm. Electrical Power & Energy Systems，1998，20(8)：563～569

[17] JOHN S, GERO. Computational Models of Innovative and Creative Design Process. Technological Forecasting and Social hange, 2000, 64: 183~196

[18] C L Li, K W Chan and S T Tan. Automatic Design by Configuration Space: an Automatic Design System for Kinematics Devices. Engineering Applications of Artificial Intelligence. 1999(12): 613~628

[19] 陈秀宁等. 机械设计课程设计. 杭州: 浙江大学出版社, 1999

[20] L ShiA, S Olafsson, Q Chen. A new hybrid optimization algorithm. Computers & Industrial Engineering. 1999,(36): 409~426

[21] Larry L Chu, Joel A Hetrick, Togesh B. Gianchandani. High amplification compliant micro transmissions for rectilinear electro thermal actuators. 2002,(97–98): 776~783

[22] 宋勇, 谷志飞, 张亚欧. ANSYS 7.0 有限元分析实用教程. 北京: 清华大学出版社, 2004

[23] Zhao Yanwei, Zhang Guoxian. A Fuzzy Matter-element Scheme Multi-objective Optimization Method Based on Genetic Algorithm, Proceedings of the 4th World Congress on Intelligent Control and Automation, June10–14, 2002. Shanghai, China, 1844~1848

[24] Y. W. Zhao, G. X. Zhang. A New Integrated Design Method Based On Fuzzy Matter-Element Optimization. 《Journal of Materials Processing Technology》Volume 129, Issues 1-3, 11 October 2002, 612 ~ 618, Published by Elsevier Science B. V.

[25] Yanwei Zhao, Hua Ertian, Zhang Guoxiàn, et al. GA-Based Multi-objective Fuzzy Matter-Element Optimization, Proceedings of ASME Design Engineering Technical Conferences and Computers and Information in Engineering Conference, September, 2002. Montreal, Canada. (7449988)

[26] 金方顺, 赵燕伟. 基于模糊物元的多目标优化方法, 中国人工智能进展, 北京邮电大学出版社, 2001

第5章 可拓概念设计原型系统

5.1 引言

目前,国际上已经研究和开发的概念设计系统由于着眼点不同,系统设计的指导思想也各不相同[1]-[4]。有的系统着眼于概念设计任务的自动完成,因此,系统的重点在于相关领域知识的获取、表达与应用,如英国的 Edinburgh Designer System;有的系统着眼于多个方案的自动选择,主要通过仿真技术来评估方案,如英国 Lancaster 大学开发的概念设计软件 SchemeBuilder[6];有的着眼于设计任务的协调完成,系统的着眼点在于协调各个任务求解器,以使整个问题的求解更加合理和有序,如美国 Rockwell 国际公司开发的 Design Sheet 工具;有的系统重点考虑对创新设计思维的规范和自动化,如美国 Ideation 公司开发的 TRIZ 应用软件[7]。对于概念设计系统的研究,国内较为先进的是机械运动系统方案设计领域,如邹慧君等研制的机构系统方案设计专家系统[7]。

现有概念设计系统一般可以分为两类:商业化的概念设计系统和实用或实验概念设计系统。前者主要包括 TRIZ 及一些大型 3D 软件的工业设计模块,如 Pro/Engineer、EDS Unigraphics、Autodesk、SolidWorks、CATIA 等都提供了有关产品早期设计的系统模块,称之为工业设计模块、概念设计模块或草图设计模块。后者主要是概念设计的研究者为了验证自己的研究成果而开发验证性系统或者是某些技术在具体领域的应用。通常借助专家系统、人工智能技术来研究概念设计,有些系统本身就是一个完整的专家系统。

本文基于可拓智能设计方法研制了概念设计原型系统[21]。系统集成了模糊物元优化方法、基于可拓实例推理的智能化设计方法、知识熔接布局设计方法,可拓综合评价方法等,还包括系统所需的知识库、数据库、图形库等。

5.2　系统总体结构

　　系统的总体框架如图5.1所示。为了验证基于知识驱动的协同布局方法,系统对于基于多目标模糊物元优化算法的设计结果进行了再设计(图中①处),通过引入基于知识驱动的协同布局方法,用户可以自由调整设计齿轮齿数、各级传动比,并相应地生成传动方案布局图。

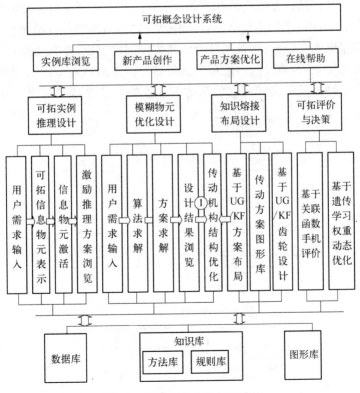

图 5.1　可拓概念设计体系结构

5.3 主要子系统设计

5.3.1 可拓实例推理子系统[8]

本系统实现的具体框架,如图 5.2 所示。本系统主要由约束规则库、物元信息数据库、物元实例库以及减速器方案图形库四个部分组成,它们相互之间主要通过激励推理算法实现联接。用户的设计需求采用信息物元的形式得到表现,而该信息物元采用了柔性的方式,对于某些信息物元,用户可以自己直接输入,而另外一些信息物元,用户可以从信息物元数据库中提取,这样符合概念设计引导性的认知思维。在进行激励推理之前,必须考虑减速器设计时,可拓物元之间的约束规则,这些规则系统自动地从规则库中提取,并自动地对相关物元做出激活,激励的过程必须具备已经构建的物元实例库,由此才得出激励能量较大的相似实例方案。系统为了提高可视化程度,建

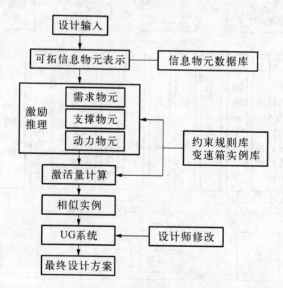

图 5.2 基于可拓实例推理的减速器概念设计系统框架

立了对应实例的减速器图形库,使设计师可以进入系统对实例方案做出相关修改。从而最终得出满意的方案,完成减速器的概念设计。

5.3.2 模糊物元优化子系统

模糊物元优化设计模块分为传动方案优化设计子模块和圆锥圆柱齿轮减速器结构优化设计子模块。下面先介绍传动方案优化设计子模块。

5.3.2.1 传动方案优化设计子模块

传动方案优化设计的界面如图 5.20 所示。该模块具有数据库、知识库维护,设计参数输入、进化计算和绘制方案简图等功能,因此它包括数据库、知识库维护模块、遗传算法计算方法库模块、方案图形库、适应值变化曲线图库等。该模块的结构如图 5.3 所示。

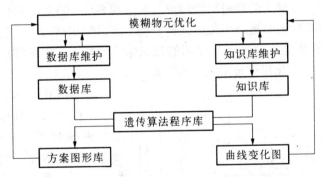

图 5.3 基于模糊物元传动方案优化 CAD 系统

数据库、知识库维护模块能完成对已有的知识和数据进行添加、更新和删除。遗传算法计算方法库模块提供计算方法。我们可以选择相应的遗传算法进行计算,求出一个最佳方案。方案图形库存储了各种可行的传动方案简图。曲线变化图模块可以绘制出遗传算法计算过程中的各代最佳染色体的适应值变化曲线,其中一个设计实例的适应值变化曲线如图 5.23 所示。

5.3.2.2　圆锥圆柱齿轮减速器结构优化设计子模块

圆锥圆柱齿轮减速器结构优化设计子模块与传动方案优化设计子模块在界面设计风格、算法实现方法等方面具有很大的相似性。但在结构设计中,无需知识库和数据库,所以该模块不包括数据库、知识库及其维护模块。

5.3.3　知识熔接(KF,knowledge fusion)布局设计子系统

本系统以 UG NX 为开发平台,采用参数化技术、UG/WAVE 设计技术、UG/KF 设计技术等[9]。UG/WAVE 是一种基于部件间建模设计技术它同时也提供面向系统工程的设计方法[10],使得用户在设计的早期就能在系统工程的角度总体把握产品布局,对于整个产品的设计、分析、制造实现同步控制,方便了信息的传递和设计变更。知识熔接技术为获得和操纵工程规则、设计意图提供了一套强有力的工具[138]。知识熔接可以让用户开发应用系统、通过工程规则控制 UG 的对象,从而超越单纯的几何模型。通过知识熔接,工程师和设计师能够构造完全可重复使用的知识库。图 5.4 表示了知识熔接、WAVE、参数化建模技术之间的关系。

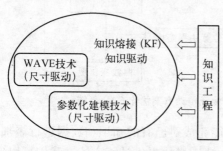

图 5.4　参数化、WAVE、知识熔接关系图

以参数化技术、UG 产品级建模技术、知识熔接技术为核心,提出基于知识熔接方案布局模型,如图 5.5 所示。本模型中零件的建模方式:采用参数化技术和知识熔接技术,可以将领域知识、电子计算表格、手册、工程计算公式通过 UG/KF 语言熔接在实体模型的创建过程中,生成具有一定"智能"的零件,零件之间通过 WAVE 和 UG/KF 关联设计,构建产品级的参数化,最后构建产品的整体方案布局。控制结构的定义:采用 UG/WAVE 中面

向系统工程的设计方法，定义产品的总体参数、关键主参数、外围轮廓尺寸、子系统零部件的装配位置、以及基准、草图、用于修剪的片体等。

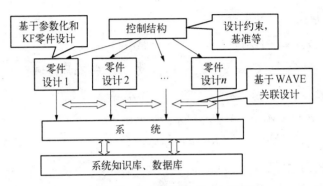

图 5.5　基于知识熔接方案布局模型

本模型的工作过程由知识熔接驱动－＞控制结构驱动－＞"智能"零件－＞系统，从而构建整体方法布局图。客户通过市场分析得到的产品的主控参数，这些参数被相关地传送到系统的组件部件中。当需要改变顶层控制结构时，相应的设计变更能够自产品装配的顶层传递到向下的细节零件，由于零件模型是基于知识熔接技术建立的智能模型，具有在各种不同条件下的应变能力，所有上层的设计意图得以彻底贯彻执行。本模型的工作思想也可以通过图 5.6 简单表示。

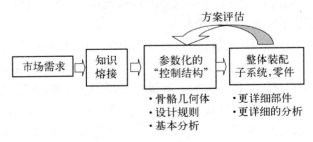

图 5.6　基于知识驱动的方案图协同布局简化表示

参考文献[12]，我们给出基于知识熔接的方案布局模型的形式化描述：

$$
\begin{aligned}
S &= \begin{bmatrix} Unit & Posi & Con & Op \end{bmatrix} \\
Unit &= \{ Sys_1 \quad Sys_2 \quad \cdots \quad Sys_n \} \\
Posi &= \{ Posi_1 \quad Posi_2 \quad \cdots \quad Posi_n \} \\
Posi_i &= \{ (x_i, y_i, z_i) \mid (x_i, y_i, z_i) \in 布局区域 \mid \}
\end{aligned}
\left.\right\} \quad (5.1)
$$

$$
Con = \{ type, value, z_1, z_2, z_3, \cdots, z_m \}
$$

$$
\begin{aligned}
Op = \{ &Mate, Align, Angle, Parallel, Perpendicular, \\
&Center, Distance, Tangent \}
\end{aligned}
$$

式 5.1 中：

S： 布局方案

$Unit$：布局单元， $\qquad$ $Posi$：布局的空间位置

Con：布局约束， $\qquad$ Op： 操作方式

Con：布局约束由约束类型 $type$，约束值 $value$ 和相应于相关单元量值 z_i 组成

Op：操作方式包括面贴合 $Mate$、面对齐 $Align$、角度约束 $Angle$、平行约束 $Parallel$、垂直约束 $Perpendicular$、中心约束 $Center$、距离约束 $Distance$、相切约束 $Tangent$。

方案布局是在 UG 的装配环境中，可以按用户需求选择原点位置，这些约束类型都是 UG 装配中的约束类型，本方法可以借助 UG 的装配导航工具实现方案的生成。

由方案求解模块的操作，即可得到大致的传动方案，此时的方案是模糊的，用户只知道各级的传动比及各级传动比所采用的传动类型，但作为机械设计过程中的方案设计过程的第一步，方案设计的成果远满足不了机械产品生产加工的需要，并且按照 CIMS 集成系统的需要，仅仅进行产品的方案设计满足不了机械产品从设计到加工一体化的需要。为了更进一步探索概念设计与详细设计的集成，系统

选择 UGNX1.0 软件作为开发平台,将基于知识驱动的协同布局方法引入到变速箱传动方案的设计中,充分利用软件中基于知识工程的知识熔接技术和面向系统工程的设计方法,通过将设计意图和工程规则熔接在零件的建模过程中,生成所谓的智能零件,利用顶层控制结构驱动产品方案图,从而方便设计的变更。其实现过程可以用图5.7 简单描述。

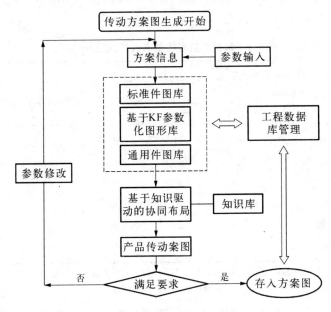

图 5.7   变速箱传动方案图生成过程

5.3.4   可拓评价与决策子系统[13]

5.3.4.1   基于关联函数的产品可拓综合评价方法

以手机为例,研究基于关联函数的产品可拓综合评价方法[14][15]。通过调查,确定价格、外观、性能、重量、售后服务等为评价指标。据此,确定手机产品目的物元模型为

$$R = \begin{bmatrix} 手机\ N & 价格\ c_1 & v_1 \\ & 外观\ c_2 & v_2 \\ & 性能\ c_3 & v_3 \\ & 重量\ c_4 & v_4 \\ & 售后服务\ c_5 & v_5 \end{bmatrix} \qquad (5.2)$$

选择较为流行的 6 款手机，并经初步的市场调查给出该类手机产品的
基本信息如表 5.1 所示。

表 5.1　常用手机各项基本性能、参数一览表

型　号	摩托罗拉 C289 (A_1)	诺基亚 3330 (A_2)	爱立信 T39mc(A_3)	科健 KGH-6300C(A_4)	TCL 8388(A_5)	波导 S1000(A_6)
参考价格	1 230 元	1 080 元	1 760 元	1 600 元	1 700 元	2 400 元
重　量	86 g	107 g	86 g	95 g	91 g	94 g
外　观	3	3	2	2	4	3
性　能	2	5	3	3	2	2
技术参数	2	4	5	3	2	3
其　它	2	3	3	1	3	3

（注：以上各手机的有关信息，仅供参考。另外，上表中，对手机的各特征的满意度进行等级
划分，"1"、"2"、"3"、"4"、"5"表示各特征满意程度依次增强。）

根据个人爱好，认为手机的重量应小于 100 g 等为非满足不可的
条件，权重系数记为 Λ。采用层次分析法可以得到各项评价指标的权
重。同时，根据 2.1.5 节可以建立各项指标的关联函数，由此可以得
到各个产品的满意度值。

基于上述可拓综合评价方法，开发了典型手机产品可拓综合评
价系统。该系统具有人机自动交互、手机产品数据库及其维护、图形
修改、可拓满意度评价、方案比较等功能。系统各功能模块间的关系
如图 5.8 所示。

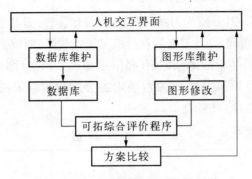

图 5.8　基于关联函数产品评价系统

5.3.4.2　基于遗传算法的可拓动态权重分配

在可拓综合评价中,作为各因素对目标影响程度的权重的分配方法对评判结果的可信度起着决定性作用。针对当前权重确定方法普遍存在的缺陷,如具有较强主观性的,不能没有考虑环境变化的影响,不能对环境变化对系统的影响进行动态跟踪等,利用遗传算法的进化学习特性,提出了适合可拓权重分配问题的遗传学习算法[16],[17]。算法通过权重与外部环境的不断交互作用,渐次完成对权重的合理分配,算法的流程图如图 5.9 所示。

将基于遗传学习的可拓综合评价权重分配方法应用到数控机床刀库的故障诊断中[18]。一般地,数控机床刀库系统由

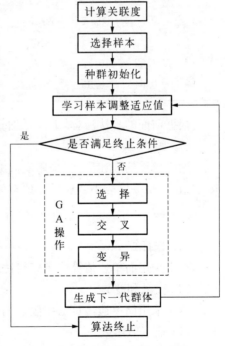

图 5.9　基于遗传学习的可拓综合评价权重分配方法

四个子系统组成,分别为刀具(部位 1)、刀套装置、刀具装卡装置和刀库旋转装置(部位 6)。刀套装置分螺母工作故障(部位 2)和气阀故障(部位 3),刀具装卡故障分螺帽(部位 4)故障和风泵(部位 5)故障,因此根据故障诊断算法需要为六项内容分配权重。采用的故障实例(样本)为 6 组,数据见表 5.2。

表 5.2　样 本 数 据

样本标号	关联函数值						故障部位
1	3.25	0.25	−0.15	0.05	1.00	−0.1	1
2	2.50	−0.26	0.31	4.56	−0.20	0.38	3
3	0.35	0.02	0.15	0.05	−0.30	1.25	2
4	−0.53	0.34	3.65	0.83	1.54	0.60	4
5	1.52	0.38	0.75	−2.00	1.50	0.93	6
6	0.64	0.35	1.68	0.52	0.21	4.61	5

根据前面的算法流程,下面详细介绍本算法的参数和策略。

(1) 编码

适应权重的表述形式,采用实数编码方式。每一染色体由 6 个基因位组成,每一位取小数点后 4 位有效数字。单个染色体形式如下:

$$\{0.183\,6\quad 0.189\,7\quad 0.117\,6\quad 0.146\,7\quad 0.196\,1\quad 0.166\,2\}$$

(2) 选择算子

本文采用简单遗传算法中赌轮法。

(3) 交叉和变异

本文采用简单遗传算法中固定的交叉、变异概率。

(4) 适应值函数

在本文算法采用的策略是:在个体同样本交互作用学习后,根据个体的表现来对它进行一定的奖励或惩罚。惩罚或奖励的额度为:

$$\Delta f = \pm \varphi \mid \kappa_{cal} - \kappa_{even} \mid \qquad (5.3)$$

式中,当 κ_{cal} 在计算出的各个部位的故障度中最大时公式取正号,否则取负号。φ 为常数($50 \leqslant \varphi \leqslant 100$),它的大小影响进化的速度;$\kappa_{cal}$ 为根据个体计算出的实际故障部位的故障度;κ_{even} 为计算出的各部位平均故障度。

因此,要在算法运行前对每一个体事先给定一个相同的初始适应值。为避免在运行中出现负的适应值情况,初始适应值的分派应和惩罚与奖励的策略一起考虑。根据可拓故障诊断问题的具体情况及 φ 的可变范围,算法分派的初始适应值为 500。

(5) 终止标准

本文采用 GA 已进化到预定的最大代数作为算法的进化终止准则。

5.4 可拓概念设计系统实现[19]

基于 UG NX1.0 开发的可拓概念设计系统主菜单,如图 5.10 所示。

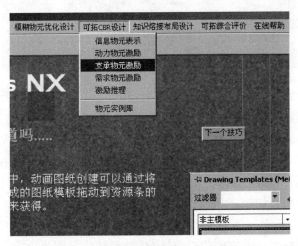

图 5.10 可拓概念设计系统主菜单

5.4.1 基于可拓 CBR 的智能化设计方法

基于可拓实例推理的设计方法其操作过程类似于实例推理技术,先将用户需求采用可拓信息物元表示(如图 5.11 所示),本设计中变速箱实例主要由 27 个信息物元组成,用户只需要输入部分已知的物元。系统对于每一个物元都有一个默认值,如果不符合用户要求的话,用户可以自己给定。其中对于字符型的物元值,系统已经给定了选择范围,系统自动匹配,计算它们的关联度,对于数值型的物元值,用户可以选择,也可以自己输入。

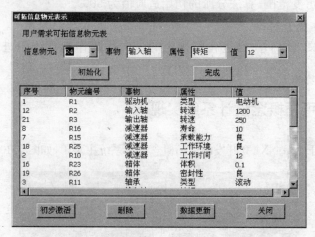

图 5.11 基于可拓 CBR 的智能化方法——可拓信息物元知识表示

在确定了信息物元表示后,经过初次激活,系统会自动地将给定的信息物元传到动力物元、支承物元、需求物元以进行二次激活(图5.12 动力物元激活,图 5.13 需求物元激活),在初次激活中除了传输信息物元外,系统根据专家知识规则,对物元间的约束进行自动处理。另外用户如果还想对以前给出的信息物元进行修改,也可在动力物元、支承物元、需求物元激励部分进行改正,但是由于规则约束,某些物元会存在一定的关联,系统会根据具体规则给出决策导向,对信息物元进行可拓性变换。

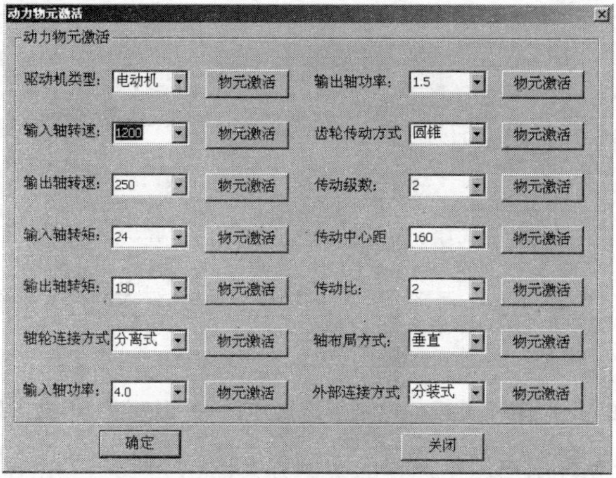

图 5.12　基于可拓 CBR 的智能化方法——动力物元激活

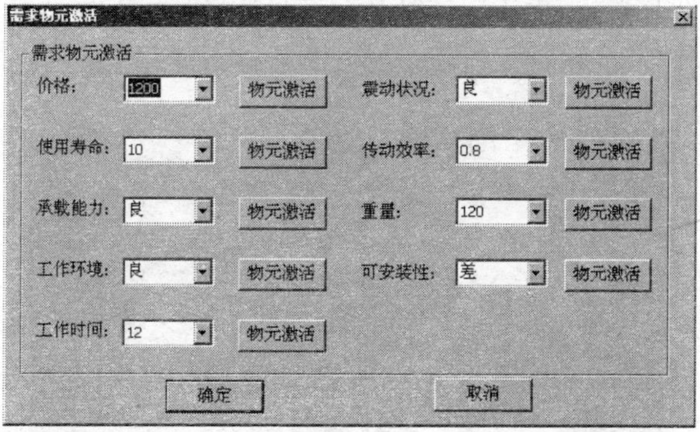

图 5.13　基于可拓 CBR 的智能化方法——需求物元激活

　　在经过了二次激活之后,各物元都变成了相容物元,接下来对给定的物元进行再次激活。在用户输入实例数目的条件下(图 5.14左),经过激励算法的运算,得出降序的激励量值以及对应的实例方案(图 5.14 右)。用户可以浏览和输出实例方案(图 5.15 为方案图浏

览,图 5.16 为方案输出对话框)。用户也可以进入 UG 软件系统进行
方案的修改(如图 5.17 所示)。

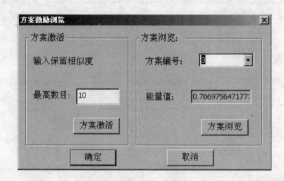

图 5.14　基于可拓 CBR 的智能化方法——激励推理与激活量

系统允许用户浏览选择的实例方案图(如图 5.15 所示),并可以
查看方案的详细物元信息参数(如图 5.16 所示)。也可以进入 UG
系统,借助于参数化的图形,对方案进行修改(如图 5.17 所示)。系

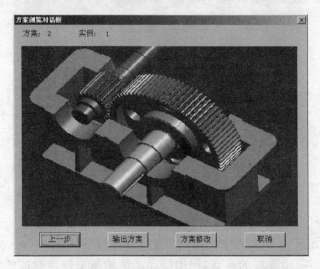

图 5.15　基于可拓 CBR 的智能化方法——方案图浏览

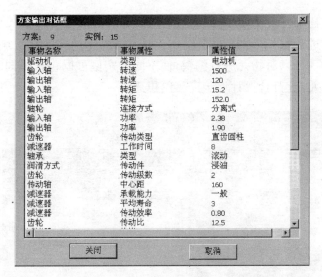

图 5.16　基于可拓 CBR 的智能化方法——方案输出对话框

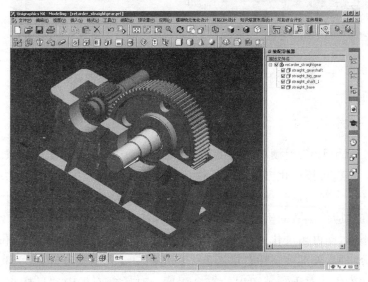

图 5.17　基于可拓 CBR 的智能化方法——方案修改

统对设计师开放了实例库(如图 5.18 所示),可以通过操作界面对实例库进行编辑,可以对系统实例库中的实例加以增加、删除、修改。并且可以对物元进行编辑,使不同的实例可以包含不同数量的信息物元,这符合设计逐步完善的思想。

图 5.18 基于可拓 CBR 的智能化方法——方案图浏览、输出

5.4.2 基于遗传算法的多目标模糊物元优化方法

图 5.19 为模糊物元优化方法与理想点法、线性加权法的比较图。设计中将可拓进化方法与基于遗传算法的多目标模糊物元优化方法放在一个对话框中,以便于比较,其界面如图 5.20 所示。可拓进化方法在适应值函数的构造上与基于遗传算法的多目标模糊物元优化方法不同,即可拓进化方法适应值函数由外部关联性内部关联性和两部分组成,外部关联性表示染色体满足用户要求的程度,内部关联性表示染色体对于领域知识的符合程度。对话框面板中,"目标权重"弹出对话框如图 5.21 所示。系统采用层次分析法来确定传动效率、

工作平稳性、使用寿命、环境适应性、结构尺寸的权重值。

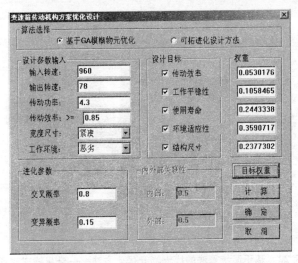

图 5.19 模糊物元优化设计方法——与理想点、线性加权比较

图 5.20 基于遗传算法的多目标模糊物元优化方法、可拓进化方法输入

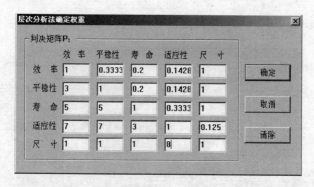

图 5.21 变速箱传动方案优化设计——层次分析法确定目标权重

图 5.22、图 5.23 为基于遗传算法多目标模糊物元优化方法
的结果输出对话框,算法对于变速箱传动方式进行了结构优化,
"绘图"控制功能用于在 UG 系统中绘图传动方案图,此时绘出的
传动方案图并不是响应于"设计结果输出"的传动比,只是示意图
(图 5.24)。为此下面的设计中,系统采用基于知识驱动协同布局
方法来解决这个问题。图 5.25 为系统数据库操作界面(传动机
构性能表)。

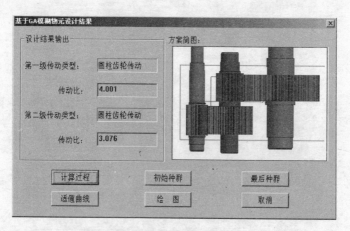

图 5.22 基于遗传算法的模糊物元优化方法——结果输出对话框

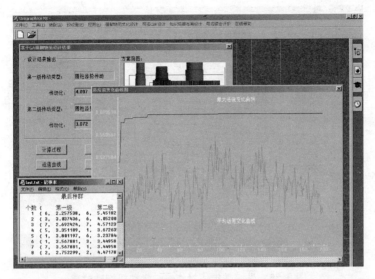

图 5.23 基于遗传算法的模糊物元优化方法——适应值变换曲线、计算过程查看

图 5.24 变速箱传动方案图浏览(示意图)

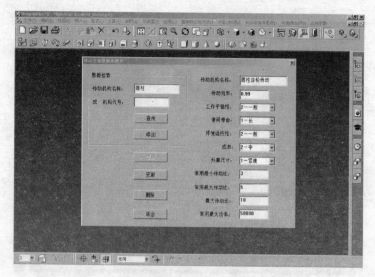

图 5.25　系统数据库操作——传动机构性能表

5.4.3　基于知识熔接方案布局设计

5.4.3.1　基于参数化和 UG/KF 的齿轮结构设计

采用基于知识驱动的协同方案布局方法，首先要由基于参数化和 UG/KF 技术建立的"智能零件"，使得部件具有在不同情况下的应变能力，为此，本文主要对齿轮的结构进行了设计，在上节论述，图 5.26 为基于参数化和 UG/KF 的齿轮结构设计界面，左边为设计结果，右边为知识熔接导航器，图 5.27 为部分输入的设计结果。系统开放了齿轮一些设计参数，可以根据选择生成相应结构，表 5.3 设计参数输入。

5.4.3.2　基于知识驱动的变速箱协同布局设计

应用上面在齿轮结构设计中所建立的齿轮设计的知识熔接类，本文对变速箱传动方式进行了简单设计，主要设计目标是根据 5.3.2 的两级直齿圆柱齿轮的优化结果（主要是传动比）来自动生成传动方案图，图 5.28 为基于知识驱动的方案协同布局方法的设计界面，左侧为一种以设计结果（图中所有齿轮都是用一个齿轮知识熔接类生成），论文还没有进一步开发用户界面，所有操作都在 UG 知识熔接导航器中完成。系统开放了低速级和高速级的传动比、小齿轮齿数、模数、齿宽，以及控制结构中传动中心距、齿轮安装位置以及齿轮结构设计的所有参数，可以根据用户愿望，任意调整，从而选择最佳的传动方案[20]。

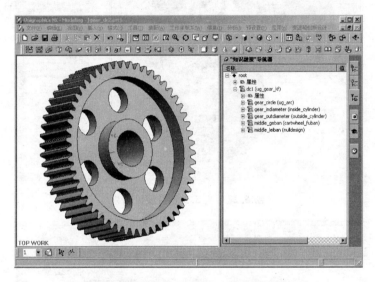

图 5.26　基于参数化和 UG/KF 的齿轮结构设计

表 5.3　基于参数化和知识熔接的齿轮设计参数

编号	齿数	模数	齿宽	压力角	腹板式	轮辐式	带加强肋	备　　注
①	30	2.5	20	20	false	false		齿顶<160 mm,做成齿轮块
②	55	3	40	20	True	false	false	齿顶>=160 mm,
③	65	3	50	20	True	false	True	选择齿轮
④	75	2.5	50	20	false	True	false	机构样式

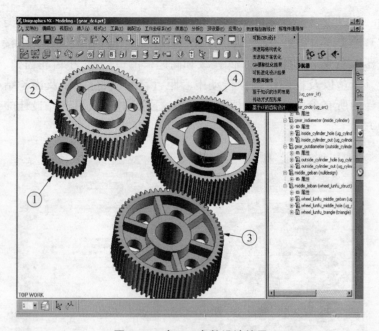

图 5.27 表 5.3 参数设计结果

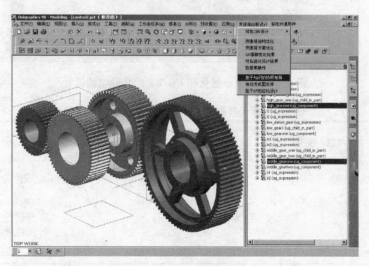

图 5.28 基于知识驱动的变速箱协同布局设计

其设计参数如下：(低速级：小齿轮齿数：60 个,模数：3,齿宽：60,压力角：20,传动比：1.5;高速级：小齿轮齿数：40 个,模数：2.5,齿宽：50,压力角：20,传动比：1.5)。

系统采用了 UG 模块 WAVE 和 KF 设计技术,并利用顶层控制结构控制,并把本人建立的基于 KF 建立齿轮的结构设计模型用在上面。实践证明：该布局方法比其普通的 WAVE 设计方法在零件图生成、方案布局调整要优越。根据基于知识驱动的协同布局方法,能够实现对上位设计信息的有效利用,方便用户在设计中对于齿轮结构,传动比,空间布局位置的任意调整,从而选择最佳的传动方案图,因此证明基于知识驱动方案协同布局方法的可行性与有效性,也在一定程度上实现了概念设计与详细设计的有效集成。

5.4.4　可拓评价与决策方法

基于可拓学的评价方法系统的主菜单如图 5.29 所示,该模块主要包括了三个部分：对各种可拓评价方法的简单介绍,以及采用关联函数对手机进行评价,基于遗传学习的权重动态优化。

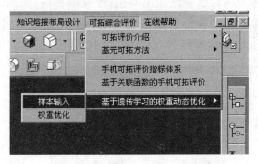

图 5.29　评价模块主菜单

在系统中,对物元相容度判别方法,优度评价方法,真伪信息判别方法的分别作了简单的介绍,物元相容度判别方法的介绍如图 5.30。同时对基元的可拓方法也做了相关说明,图 5.31 是相关网方法的简单说明。

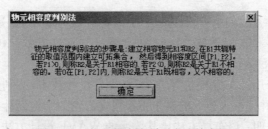

图 5.30　物元相容度判别方法的介绍

图 5.31　相关网方法介绍

　　基于关联函数的手机评价,在权重的确定部分,可以采用两种分别进行计算,即:层次分析法(1—9 比率标度),如图 5.32 所示,用户只需要对各个指标的相对重要性作出判别;专家调查法,如图 5.33,可以由三位专家直接对各个指标分别给出权重。系统主界面如图5.34所示。在中间的手机型号选择部分,选中某款手机,可以从右边查看其相应

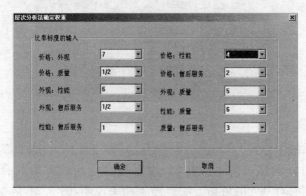

图 5.32　层次分析法比率标度输入

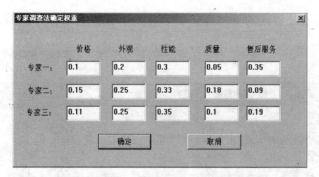

图 5.33 专家调查法确定权重

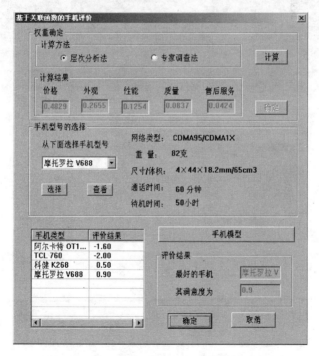

图 5.34 基于关联函数的手机评价系统主界面

的参数,也可以通过"查看"来看一下该款手机的模型,如图 5.35 所示,用户同时要对手机的 5 项评价指标做出一个判断,如图 5.36 所示,最后在主界面的下面得到一个用户对改款手机的满意度值。

图 5.35 手机模型

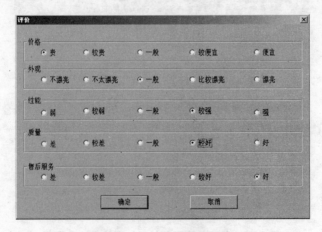

图 5.36 用户满意确定

基于遗传学习的权重动态优化相关界面如图 5.37~图 5.39 所示,其中图 5.37 显示的是用户样本输入界面;图 5.38 显示为可拓权重分配主界面,从中可以选择某种遗传算法并可以设置相应的参数,此界面也可以选择各种结果查看方式,例如每一代的最大适应值的变化情况,如图 5.39 所示。

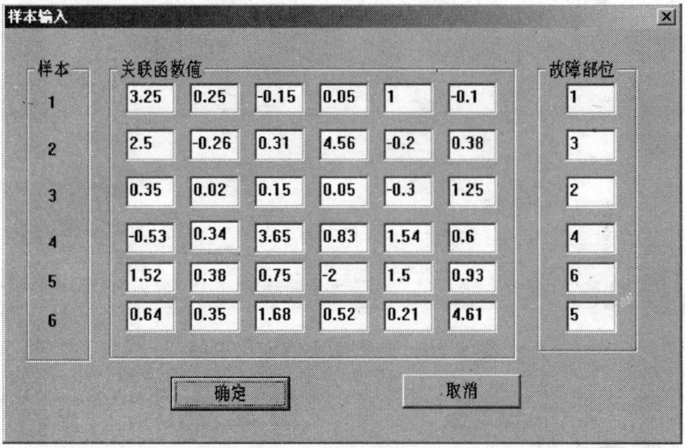

图 5.37　基于遗传学习的权重动态优化——样本输入

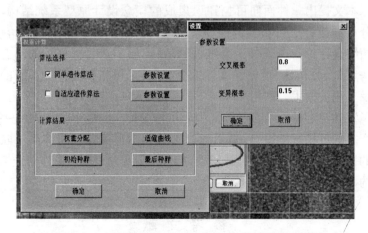

图 5.38　可拓权重分配系统主界面及相关参数设置

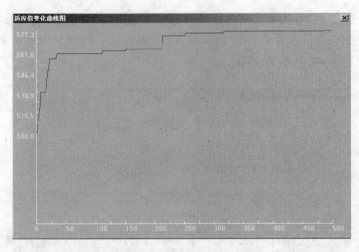

图 5.39   最大适应值变化曲线

5.5   本章小结

本文提出一种面向可拓知识集成的概念设计原型系统结构,详细分析并设计了可拓实例推理、模糊物元优化、设计布局知识熔接、可拓综合评价与决策等子系统,研究并比较了多目标权重的动态分配法、层次分析法、可拓优度评价等,分析了可拓概念设计系统的集成及其相关技术。利用 Visual C++6.0 和 UGNX1.0 软件平台,实现了定性与定量相结合的加工中心机床刀库、机械齿轮减速器、手机等产品的可拓智能设计,最后通过参数化图形库实现总体尺寸联系图的自动生成,在 UGNX 开发平台上,初步实现了概念设计与详细设计的系统集成。

参 考 文 献

[1]   孔凡国,邓祥明. 智能化概念设计系统集成求解策略的研究. 工程图学学

报，1998，(2)：66~72

[2] 陆亮，孙守迁，黄琦等. 向产品创新的计算机辅助概念设计系统的研究. 计算机集成制造系统——CIMS，2003，9(12)：44~47

[3] 张国全. 基于可拓理论研究复式布料系统概念设计. 武汉：华中科技大学博士学位论文，2003，12

[4] 张建明，魏小鹏，王吉军. 产品概念设计自动综合求解与系统实现. 计算机集成制造系统——CIMS，2003，9(11)：944~949

[5] Bracewell R H, Sharpe J E E. Functional descriptions used in computer support for qualitative scheme generation — 'Schemebuilder'. Artificial Intelligence for Engineering Design, Analysis and Manufacturing：AIEDAM, 1996, 10(4)：333~245

[6] 檀润华. 创新设计——TRIZ：发明问题 解决理论. 北京：机械工业出版社，2002

[7] 邹慧君，顾明敏. 机构系统方案设计专家系统初探. 机械设计，1996，No.6：12~16

[8] 宋玉银，蔡复之，张伯鹏等. 基于实例推理的产品概念设计系统. 清华大学学报(自然科学版)，1998，38(8)：5~8

[9] 张冶，洪雪，张泽帮. Unigraphics NX 参数化设计实例教程. 北京：2003，8

[10] Unigraphics Solutions Inc. UG WAVE产品设计技术培训教程. 北京：清华大学出版社，2002

[11] Unigraphics Solutions Inc. UG 知识熔接技术培训教程. 北京：清华大学出版社，2002

[12] 孙守迁，唐明，潘云鹤. 面向人机工程的布局设计方法的研究. 计算机辅助设计与图形学报，2000，2(11)：870~872

[13] 高洁，戴建新，王雪红. 可拓决策方法综述. 系统工程理论方法应用，2004，13(3)：264~271

[14] 蔡文，杨春燕，何斌. 可拓逻辑初步. 北京：科学出版社，2003.

[15] 蔡文，杨春燕，何斌. 可拓学基础理论研究的新进展. 中国工程科学，2003，5(2)：81~87

[16] Wu Q H, Cao Y J, Wen J Y. Optimal reactive power dispatch using an adaptive genetic algorithm. Electrical Power & Energy Systems, 1998, 20

2005 年上海大学
博士学位论文 ■

    (8)：563～569

[17] Srinivas M，Patnaik L M. Adaptive probabilities of crossover and mutation in genetic algorithms. IEEE Transactions on System，Man and Cybernetics，1994，24(4)：656～667

[18] 赵燕伟，张国贤. 可拓故障诊断方法及其应用. 机械工程学报，2001，37 (9)：39～43

[19] 董正卫，田立中，付宜利. UG/OPEN API 编程基础. 北京：清华大学出版社，2002

[20] 濮良贵，纪名刚. 机械设计. 北京：高等教育出版社，1995，9

[21] 王广鹏，赵燕伟. 面向可拓知识集成的创新设计系统研究，机电工程，2003，No. 10，130～132

第6章　总结与展望

智能化概念设计的研究一直是计算机集成制造领域的前沿课题。概念设计作为是产品设计过程中最重要、最复杂、最活跃、最富有创造性的设计阶段，具有明显的创造性、多解性、层次性、近似性、矛盾性、经验性和综合性等特点，是一个复杂的智能化决策过程。对概念设计过程深层次知识表达、方案优化和复杂推理的研究是一项富有挑战性和前沿性的研究课题。

本文在全面综述国内外现有概念设计研究方法的基础上，从理论到应用对复杂机电产品可拓概念设计的关键技术进行了深入的研究，综合运用可拓学理论、模糊理论和优化技术，揭示概念设计上游设计阶段的创造性活动规律，寻找出一种行之有效的创新与辩证思维形式化、模型化方法，即概念设计的可拓方法，对于解决目前智能设计理论研究与工程实现中的瓶颈问题，具有重要的理论意义和学术价值。

6.1　本文研究成果

通过对智能化概念设计的可拓方法研究，本文取得了下列主要研究成果：

（1）研究并建立概念设计可拓知识的基元表达模型

运用可拓学这一全新人工智能工具，对概念设计功能、原理、布局、形状、结构等上游设计知识进行形式化描述，建立定性（基元可拓性等）与定量（关联函数等）相结合的可拓知识表达模型；利用发散树、分合链、相关网、共轭对、蕴含系等可拓方法，表达设计过程中的深层次知识；形成富有特色的智能化概念设计可拓知识表达方法，为

概念设计的辩证思维形式化、模型化和智能化提供了一条有效途径。详见附录 3 中的[3]、[5]、[17]、[18]

（2）提出基于菱形思维的复杂产品定性定量相结合的概念设计方法

率先提出一种基于多级菱形思维模型的复杂产品定性定量相结合的设计方法。根据发散—收敛—再发散—再收敛这一菱形思维特点，建立了产品设计多级菱形思维模型，根据物元的可拓性进行发散性思维形成多种设计方案，利用真伪信息判别法、模糊意见集中法、可拓关联函数定量计算法对发散后得到的设计方案进行收敛以获取最佳设计方案。文中详细描述了发散树方法和收敛性思维方法的实现过程，并通过所开发的加工中心刀库概念设计系统，验证了该方法的先进性。详见附录 3 中的[2]、[4]、[7]、[15]及附录 5 中的[2]。

（3）提出一种基于可拓信息物元的实例推理方法

现有 CBR 方法往往难以较好地描述定量定性相结合的设计知识，为此本文采用可拓信息物元表示最小实例知识单元，从定量和定性两方面描述实例的特性，通过对设计信息物元以及物元关系的处理，提出可拓实例推理（Extension Case Based Reasoning，ECBR）方法，使未知问题转换为已知问题，利用物元的可拓特性，有效地拓展或收敛解的空间域。

根据所建立的可拓实例推理概念设计映射模型，论文提出了一种可拓激励推理算法，从理论上证明了该算法的有效性。文中对可拓信息物元的相关性、相似性度量以及创建实例库等关键性问题展开了深入的分析与讨论。应用所提出的可拓激励推理算法，建立了机械减速器产品设计规则、约束关系和可拓实例库，实现了该产品概念设计可拓实例推理的全过程，有效地验证了可拓实例推理方法的可行性。详见附录 3 中的[8]、[12]、[14]。

（4）提出一种基于模糊物元建模的方案设计多目标优化方法

针对现有方案优化难以求解上位设计优化问题这一弊端，本论文运用模糊物元分析理论建立设计问题的多目标模糊物元优化模型。其基本出发点是将关联函数规范化并建立与模糊隶属度函数之间的定量关系,使可拓物元与模糊优化有机结合,有效地解决了概念设计阶段知识的不确定性问题。文中对典型产品方案设计进行了模糊物元分析与优化,取得了较好的结果,将模糊物元优化方法与常规的线性加权法、理想点法、模糊优化等法进行比较,通过理论分析和实例验证此方法的先进性。

采用遗传算法求解多目标模糊物元优化模型,提出新的操作算子,改进了现有的自适应宏遗传算法(MAMGA),并与简单遗传算法(SGA)、自适应遗传算法(AMGA)进行了比较,证明改进后的算法具有更高的执行效率。将所提出的基于遗传算法的多目标模糊物元优化方法应用于机械传动方案优化设计、柔性放大机构创新设计中,详细讨论了传动方案的染色体编码、适应值计算和遗传操作算子,通过实例设计进一步验证所提出方法的可行性。详见附录 3 中的[1]、[10]、[6]、[9]。

(5) 提出方案设计的可拓评价方法

在深入研究杂产品方案设计的可拓综合评判基础上,提出一种基于进化寻优的动态权重分配方法。通过对设计过程的自学习,能根据评价环境的变化自动调整各指标的权系数从而提高评价效率和精度。

论文将层次分析法应用于综合评判以确定多目标权系数。首先根据复杂产品布局的知识结构,建立可拓综合评判模型,确定多目标权重并给出可拓综合评判结果。理论和实验表明,该方法比传统方法在客观性、准确性和效率等方面均有显著提高。应用实例进一步说明利用可拓方法既可以将定性问题转化为定量问题进行分析计算,又能做到定性与定量相结合。详见附录 3 中的[5]、[11]、[19]。

(6) 开发了面向可拓知识集成的智能化概念设计原型系统

本文提出一种面向可拓知识集成的概念设计原型系统结构,详细分析并设计了可拓实例推理、模糊物元优化、设计布局知识熔接、可拓综合评价与决策等子系统,验证并比较了多目标权重的动态分配法、层次分析法、可拓优度评价和评分法，分析了可拓概念设计系统的集成及其相关技术。利用 Visual C++6.0 和 UGNX1.0 软件平台，实现了定性与定量相结合的加工中心机床刀库、机械齿轮减速器、手机等产品的可拓智能设计，最后通过参数化图形库实现总体尺寸联系图的自动生成，在 UGNX 开发平台上，初步实现了概念设计与详细设计的系统集成。该系统不仅可用于相关产品的创新设计，而且对于指导企业开发设计软件，提高企业的设计水平和生产效率都具有重要的指导意义。详见附录 3 中的[20]、[24]。

6.2　本文创新点

（1）提出基于可拓学理论的复杂产品定性定量相结合的智能化概念设计方法

运用可拓学理论建立定性（基元可拓性）与定量（关联函数）相结合的可拓知识表达模型，率先提出基于多级菱形思维模型的概念设计新方法，实现了复杂产品概念设计发散—收敛—再发散—再收敛的反复迭代过程；提出基于可拓信息物元的可拓激励推理算法，并从理论上证明了该算法的有效性，给出可拓设计物元相关性、相似性度量及创建实例库等关键策略，实现了新产品概念设计可拓实例推理系统；提出概念设计的模糊物元建模、仿真与多目标优化方法，将此方法与常规的线性加权法、模糊优化法进行比较，通过理论分析和实例数据验证此方法的可行性和先进性，在此基础上，改进遗传算法操作算子，给出概念设计的多目标模糊物元改进自适应宏遗传算法（MAMGA）求解过程，并分别与简单遗传算法（SGA）、自适应宏遗传算法（AMGA）加以比较，证明该算法具有较高的执行效率。将该方法进一步应用于机械传动方案优化和柔性放大机构拓扑优化，实现了智能化概念设计的创新过程。

（2）开发了面向可拓知识集成的智能化概念设计原型系统

在上述方法基础上，开发出面向可拓知识集成的概念设计原型系统,详细设计了可拓实例推理、模糊物元优化、设计布局知识熔接、可拓综合评价与决策等子系统,给出了复杂产品优化设计多目标权重的动态分配法、层次分析法、可拓优度评价和评分法,分析了可拓概念设计系统的集成及其相关技术。利用 Visual C＋＋6.0 和 UGNX1.0软件平台,实现了定性与定量相结合的加工中心机床刀库、机械齿轮减速器、手机等产品的可拓概念设计,最终获取最佳设计方案,最后通过参数化图形库实现总体尺寸联系图的自动生成,在 UGNX 开发平台上,初步实现了智能化概念设计与详细设计的系统集成。

6.3 进一步研究方向

智能化概念设计的过程是一个极其复杂的创新思维过程,探讨设计过程的实质就是化解各影响因素间的矛盾冲突,调和因素间关系的过程。研究概念设计的创新机理也就是探讨灵感迸发内在机制,寻找创新手段与方法。可拓学拓展了经典数学与模糊数学的研究范畴,研究处理矛盾问题规律与方法,更加贴近自然界与人类社会,它在一些领域已经得到了初步应用。本文将可拓学引入产品的概念设计,试图为其提供创新思维方式和方案求解途径。但由于可拓工程方法还很初步加之本人水平所限,提升概念设计的创新性与智能性,尚有许多工作要做,尤其在下列几方面尚待进一步深入研究。

(1)为拓展概念设计问题的解空间,体现设计的复杂性和智能化水平,提高方案的创新能力,有必要深入研究矛盾、对立和不相容设计问题的可拓设计方法,对可拓设计实例进行实时修改,提高实例推理系统的实时响应能力。

(2)设计知识的复用是提高设计效率的重要途径。现有的产品方案中凝聚了前人的劳动与智慧,如遗传算法的求解过程中包含了许多有用的中间知识,如何有效地重用这类知识,对求解算法的完善与求解结果的可信都十分重要。

（3）染色体编码是遗传算法求解的关键技术，它直接影响优化的结果。如何对复杂产品进行染色体编码有待进一步深入研究，以完善本文提出的优化方法。论文采用串式编码方式，它的染色体长度是固定的，这种编码方式很难解决复杂产品多方案设计编码问题，因此，需要做进一步的改进。今后可采用树结构的编码方式，采用遗传编程思想进行求解。适应值评价也是遗传算法求解的关键技术，对于复杂产品如何选择评价指标，如何确定各个评价指标的评价函数等，都需做进一步研究。

综上所述，概念设计是一个极其复杂的创新思维过程，目前关于概念设计创新技术、智能技术、建模技术、交互技术和面向全生命周期设计技术的研究还有许多关键问题有待于进一步解决。对概念设计上游设计阶段的创造性活动规律研究还很不够，缺乏有效的创新与辩证思维形式化、模型化方法。尽管可拓方法对概念设计的研究起到了一定的推动作用，然而，从概念设计的思维过程出发，探讨各类创新方法，研究产品的创新设计和多方案设计技术是概念设计的发展趋势。因此，对于概念设计的研究，不仅要从设计学、人工智能、虚拟现实、计算机建模与仿真的角度，还应该从认知科学、思维科学、系统科学、管理科学等领域进行交叉研究，不断探讨概念设计的创新机理与方法，使智能化概念设计思维达到更新更高的境界。

附录1 符 号 说 明

$R = (N, c, v)$ 物元

N 事物的名称

c 事物的特征

v 相应与特征 c 的量值

$M = (c, v)$ 物元二元组

$\mathcal{L}(R)$ 物元的全体

$\mathcal{L}(N)$ 物的全体

$\mathcal{L}(c)$ 特征的全体

$V(c)$ c 的量域,即关于特征 c 的取值范围

$$\begin{bmatrix} N, & c_1 & v_1 \\ & c_2 & v_2 \\ & \vdots & \vdots \\ & c_n & v_n \end{bmatrix}$$ n 维物元

$$\begin{bmatrix} c_1 \\ c_2 \\ \vdots \\ c_n \end{bmatrix}$$ n 维特征

$$\begin{bmatrix} v_1 \\ v_2 \\ \vdots \\ v_n \end{bmatrix}$$ n 维量值

$R = (N(t), c, v(t))$ 参变量物元 π

Φ 空量值

cpR(N)	物 N 的全征物元
@	表示存在
$\Rightarrow$	蕴含
l	条件
$I = (d, b, u)$	事元
d	动词
b	动词的特征名
u	量值
(b, u)	事元 I 的特征元

$$\begin{bmatrix} d & b_1 & u_1 \\ & b_2 & u_2 \\ & \vdots & \vdots \\ & b_n & u_n \end{bmatrix}$$ n 维事元

$$\begin{bmatrix} b_1 \\ b_2 \\ \vdots \\ b_n \end{bmatrix}$$ n 维动词特征

$$\begin{bmatrix} u_1 \\ u_2 \\ \vdots \\ u_n \end{bmatrix}$$ n 维量值

$I(t)(d(t), b, u(t))$	参变量事元
$Q = (s, a, w)$	关系元
s	关系名
a	关系特征名
w	a 相应的量值
$\oplus$	组合,增加
$\dashv$	发散
$\vdash$	收敛

$K(x)$	关联度
U	论域
$f(u)$	特征函数
A	模糊集合
$u_A(x)$	隶属函数
$\bigcirc$	物元特征
$\Rightarrow$	蕴含关系
$\leftrightarrow$	关联规则与约束
P	实例推理输入问题
S	实例推理的解答
$M = [\bar{R}, \bar{L}, \sigma, \rho, P]$	可拓信息物元
$\bar{R}$	有限个可拓信息物元的集合
$\bar{L}$	有限个实例节点的集合
σ	可拓信息物元相似函数
ρ	信息物元实例节点 l 的相关性
l	实例节点
P	相似值相关值的传播函数
F_σ	符合要求的相似值
$K(R_n)$	R_n 对于实际问题的重要程度
σ_{SM}	复合相似度
ϕ	复合函数
Q_i	对应规则的解释
$\tilde{R} \begin{bmatrix} & N \\ c & \mu(x) \end{bmatrix}$	模糊物元
$\tilde{R}_n = \begin{bmatrix} & & M \\ c_1 & \mu(x_1) \\ c_2 & \mu(x_2) \\ \cdots & \cdots \\ c_n & \mu(x_n) \end{bmatrix}$	n 维模糊物元

$\widetilde{R}_n$	表示 n 维模糊物元
$\widetilde{R}_{mn}$	表示 m 个事物 n 维复合模糊物元
c_i	表示第 i 个特征
$\mu(x_i)$	表示隶属度
R_λ	权重复合物元
λ	权重
$\widetilde{R}_K$	关联度复合模糊物元
K	关联度
ξ_{ij}	关联系数
$\widetilde{R}_\xi$	关联系数复合模糊物元
y_d	距优距离
z_d	距次距离
$\widetilde{R}_y$	为优等事物 n 维模糊物元
$\widetilde{R}_z$	为次等事物 n 维模糊物元
M_y , M_z	为优等事物和次等事物
$\widetilde{R}_{yd}$	为距优距离的复合模糊物元
$\widetilde{R}_{zd}$	为距次距离的复合模糊物元
H	判别矩阵
$Pun(X)$	为惩罚函数
$\Delta B_j(X)$	约束 j 的违反量
$\theta(f_{ri})$	为第 r 组非劣解中第 i 个目标函数值对其理想解的隶属函数值
v_b	传动比模糊约束量
v_f	传动比分配模糊约束量
η	传动方案的传动效率
v_η	传动效率模糊约束量

v_d	宽度尺寸模糊约束量
v_h	工作环境的模糊约束量
M_{YF}	输入与输出的力与位移的变化率
S	布局方案
$Unit$	布局单元
$Posi$	布局的空间位置
Con	布局约束
Op	操作方式
κ	故障度

附录 2 图表说明

附录3 作者在攻读博士学位期间发表的论文

[1] Y. W. Zhao, G. X. Zhang, A New Integrated Design Method Based On Fuzzy Matter-Element Optimization. Journal of Materials Processing Technology, Volume129, Issuesl - 3, 11 October 2002, pp. 612 - 618, Published by Elsevier Science B. V. (SCI: 607MJ) (EI: 02417138801) (ISTP: 607MJ)

[2] Zhao Y. W. Zhang G. X. Conceptual Design Based On the Divergent Tree Method for Tool Storage, Key Engineering Materials, 2004, Vols. 259 - 260, 2004 Trans Tech Publications, Switzerland (SCI: BY96C) (EI: 04148092895) (ISTP: BY96C)

[3] Yanwei Zhao, Zhang Guoxian, Study Of Conceptual Design Of The Extension Method For Mechanical Products, Proceedings of ASME Design Engineering Technical Conferences and Computers and Information in Engineering Conference, September, 2002 Montreal, Canada. (EI: 03177450053)

[4] Zhao Yanwei, Wang Wanliang, Zhang Guoxian, The Rhombus-Thinking Method And Its Application In Scheme Design. CHINESE JOURNAL OF MECHANICAL ENGINEERING (English Edition), 2001, Vol. 14, No. 2, pp. 156 - 159 (EIP 01286577044)

[5] 赵燕伟,张国贤. 可拓故障诊断思维方法,机械工程学报,

2001. No. 9，39～43（EI：02397107759）

［6］ Zhao Yanwei，Zhang Guoxian，A Fuzzy Matter-element Scheme Multi-objective Optimization Method Based on Genetic Algorithm，Proceedings of the 4th World Congress on Intelligent Control and Automation，June10 – 14，2002. Shanghai，China，1844～1848（EI：03047337594）（ISTP 收录：BV45G）

［7］ Zhao Yanwei，Study of Computer Aided Conceptual Design Based On Rhombus Thought Method，The 3th World Congress on Intelligent Control and Automation，2000，Hefei，China，355～358（EI：03047333332）（ISTP：BR60X）（浙江省第十一届自然科学优秀论文三等奖）

［8］ Zhao Yanwei，Zhang Guoxian，Study of Intelligent Conceptual Design Based on Extension Case Reasoning，International Conference on Manufacturing Automation，2004 Professional Engineering Publishing. 151～157（ISTP）

［9］ Yanwei Zhao，Hua Ertian，Zhang Guoxian，Jin Fangshun，GA-Based Multi-objective Fuzzy Matter-Element Optimization，Proceedings of ASME Design Engineering Technical Conferences and Computers and Information in Engineering Conference，September，2002. Montreal，Canada.（EI：03177449988）

［10］ Yanwei Zhao，Wang Wanliang，Zhang Yingli，Wang Zhengchu，Conceptual Design of Tool Storage Based On The Divergent Tree Method，Proceedings of ASME Design Engineering Technical Conferences and Computers and Information in Engineering Conference，September，2002. Montreal，Canada.（EI：03177449932）

［11］ 赵燕伟,刘海生,张国贤.基于可拓学理论的设计方案进化推

理方法,中国工程科学,2003,Vol. 5,No. 5,63～69

[12] Zhao Yanwei, WangZhengchu, Zhang Guoxian, ChenShengyong, "Extension Case Reasoning for Intelligent Conceptual Design", WSEAS TRANSACTIONS on SYSTEMS, Issue 3,Volume 3, May 2004,1138～1142

[13] 赵燕伟,黄风立,张国贤. 基于模糊机会约束规划的可靠性优化设计研究,机械工程学报,已录用

[14] 赵燕伟. 基于事例推理的加工中心模块化设计智能 CAD 系统研究,系统仿真学报,2000,Vol. 12 No. 2,142～145(浙江省第十一届自然科学优秀论文三等奖)

[15] 赵燕伟. 基于多级菱形思维模型的方案设计新方法,中国机械工程,2000,No. 6,684～686(浙江省第十一届自然科学优秀论文二等奖)

[16] 赵燕伟,胡坚,张国贤. 基于 OWL 本体建模的概念产品配置,中国机械工程,2004. No. 10, 1725～1728

[17] 赵燕伟. 机械产品可拓概念设计研究,中国工程科学,2001,No. 6

[18] 赵燕伟,金方顺,张国贤. 基于发散树思维方法的刀库概念设计,广东工业大学学报, 2001,No. 1,11～16

[19] 赵燕伟,王正初,张国贤. 基于关联度函数的可拓综合评价应用研究. 中国人工智能进展 2003,北京:北京科学技术出版社,2003,1154～1159

[20] 刘海生,赵燕伟,张国贤等. 基于遗传学习的可拓综合评价权重分配新方法,机械工程学报,2002 增刊,238～241(EI:03407659496)

[21] 黄风立,赵燕伟. 基于满意度的模糊机会约束模型在产品设计中的应用. 中国机械工程, 2004,No. 24,2222～2224

[22] 吴杰雨,赵燕伟. 基于混合智能的概念设计方法研究. 第五届海内外青年设计与制造科学会议论文集,2002.7 大连,

376～379
[23] 吴杰雨,赵燕伟. 基于特征装配的机械产品设计研究. 机电工程技术,2002,Vol. 31,No. 4, 24～25
[24] 王广鹏,赵燕伟. 面向可拓知识集成的创新设计系统研究. 机电工程,2003,No. 10,130～132

附录4 作者在攻读博士
学位期间获奖

[1] 复杂机电产品智能设计若干关键技术,2003年浙江省高校科技成果二等奖   第一完成人
[2] 基于可拓学理论的智能设计研究与应用,2001年浙江省高校科技成果三等奖   第一完成人
[3] 计算机支持的协同概念设计技术及系统研究与应用,2004国家机械工业科技进步二等奖,浙江省科技进步二等奖

    第二获奖人
[4] 生产计划与调度的智能算法软件包研制,2004国家机械工业科技进步三等奖,浙江省科技进步三等奖   第三获奖人
[5] 浙江省第十一届自然科学优秀论文二等奖,基于多级菱形思维模型的方案设计新方法   第一获奖人
[6] 浙江省第十一届自然科学优秀论文三等奖,基于事例推理的加工中心模块化设计智能CAD系统研究   第一获奖人
[7] 浙江省第十一届自然科学优秀论文三等奖,Study of Computer Aided Conceptual Design Based On Rhombus Thought Method   第一获奖人
[8] 2001上海大学SBT特种奖学金一等奖   获得者
[9] 2003上海大学蔡冠深奖学金   获得者

附录 5 作者在攻读博士学位
期间承担的科研项目

[1] 2002—2004 国家自然科学基金项目(50175103)
基于可拓学理论的智能化概念设计方法研究　　项目负责人
[2] 2002—2004 国家 863 计划自动化领域 CIMS 主题项目
(2002AA411110)
面向产品创新的计算机辅助概念设计技术的研究
浙江省科技厅鉴定查新报告　　　　　　　　课题组副组长
[3] 2003—2005 浙江省重大科技攻关项目(2003C11033)
第三方物流智能信息协作平台及其应用示范　　项目负责人
[4] 2004—2005 浙江省科技计划项目(2004C33084)
面向物流配送服务的智能优化关键技术与平台建设
　　　　　　　　　　　　　　　　　　　　　项目负责人
[5] 2002.9—10 国家自然科学基金委员会资助出国参加国际学术
会议项目
[2002 国科金工外资助字第(50210205331)号]　项目负责人
[6] 1998—2000CAD&CG 国家重点实验室开放课题(A97S03)
　　　　　　　　　　　　　　　　　　　　　项目负责人
可拓决策在机械产品方案设计中的应用
[7] 1999—2000 国家 863 计划自动化领域 CIMS 主题项目(863 -
511 - 945 - 002)　　　　　　　　　　　　　第二完成人
面向流程工业生产调度与过程控制的集成建模技术
[8] 2005—2006 浙江省自然科学基金项目
智能虚拟界面环境下概念形状设计建模技术的研究
　　　　　　　　　　　　　　　　　　　　　第二参加人

致　谢

本论文是在导师张国贤教授的精心指导下完成的,作者取得的成绩无一不浸透着张教授辛勤的汗水。几年来,张教授始终以广博深厚的知识、严谨务实的治学态度和"精雕细刻勤扶持"的育人之道给予作者深入的指导。张国贤教授开拓创新的钻研精神、敏捷宽广的思维方式、勇于探索的事业心和责任感、永不疲倦的工作热情必将永远激励作者在人生道路上不断奋进。值此论文完成之际,谨向导师张国贤教授致以最衷心的感谢和最崇高的敬意!

诚挚感谢上海大学机电工程与自动化学院刘谨教授、张直明教授、温济全教授、龚振帮教授、裴仁清教授、陈晓阳教授、邢科礼副教授、张钢副教授等众多老师对作者求学期间的培养、指导与帮助!

感谢上海大学金健博士、罗玉元博士、华尔天博士、林学龙博士、杨建玺博士的支持与合作,作者在同他们一起讨论问题中受益匪浅,彼此建立了难忘的友谊。

衷心感谢国家自然科学基金委员会机械学科雷源忠主任、黎明主任的支持与帮助!

感谢广东工业大学可拓工程研究所蔡文研究员、杨春燕研究员的支持与帮助!

感谢浙江大学现代工业设计研究所孙守迁教授在课题合作方面的支持与帮助!

作者深深地感谢远方的父母和亲人,正是他们的支持与关爱激励作者不断克服困难顺利完成博士论文。

特别感谢我的丈夫王万良先生对作者一如既往的支持、理解和无私的奉献!

衷心感谢所有支持、关心、理解和帮助过我的亲人、师长、同学、同事和朋友们！

最后，谨向百忙中抽出宝贵时间评阅本论文的各位专家、学者致以最诚挚的谢意！

赵燕伟
2005 年 2 月于上海大学延长路校区